非売品ゲームガイドブック

品ゲームコレクター
ろのすけ 著

JN065251

はじめに

●ちょっと変わったゲームソフト

筆者は、ゲームソフトを集めるのが好きな、いわゆるゲームソフトコレクターです。ゲームソフトの中でも非売品等の「ちょっと変わったゲームソフト」を好んで集めております。日頃「非売品ゲームソフトコレクター」と自称させていただいており、本書のタイトルにもしておりますが、実際のところは「ちょっと変わったゲームソフト」を集めることに重きを置いております。

ゲームソフトは、普通は大手量販店やネット通販で販売されていますが、筆者が集めている「ちょっと変わったゲームソフト」は、そういった店では販売されていないことが多いものです。例えば、何かの抽選でプレゼントされたものだったり、一部の関係者向けに配布されたものだったり、ゲーム以外の用途で制作されたものだったりします。そういったゲームソフトは、普通は販売されていませんし、数も少ないことが多いので、入手するのは大変です。しかしながら、その大変さを乗り越えて手に入れることが出来たときは、非常に嬉しいです。「お目当てのゲームソフトを探して」「手に入れる」という、ただそれだけのことなのですが、長年探していたお宝を発見したときの高揚感・ワクワク感は、何物にも代えがたいものがあります。

この本ではそういった「ゲームソフトを探す楽しさ」をお伝えできたらと思っております。

ですので、(前巻にあたる「非売品ゲームソフト ガイドブック」同様に)「眺めて楽しい」本を目指して書きました。店頭には並ばなかったような、なかなか見る機会の無いゲームソフトをなるべく多く掲載したつもりですので、そういったゲームソフトを見て、「こんなものがあったのか!?」「初めて見た!」と思っていただけたら、筆者冥利につきます。逆に、本書は、ゲームのカタログ本・研究本のような網羅性・順番性・体系性はありません。筆者の好みで「これを見てください! すごいんですよ!」と思ったものを、順不同で載せております。ですので、お読みくださる方も、好きなように眺めていただけたらと思います。パラパラとめくって目についたページだけ眺めていただいても構いませんし、文章を読まずに写真だけ眺めていただいても構いません。もちろん最初から順を追ってお

読みいただいても構いません。人それぞれ好きなように、本書を眺めて楽しんでいただけたら幸いです。

●ゲーム史に残らなそうな情報

少し硬い話もさせていただきます。ゲームソフトの収集というのは、一昔前は、知る人ぞ知るようなマイナーな趣味でしたが、最近はレトロゲームに高値が付くということが世に知られはじめて、良し悪しはさておき、コレクション品としてのゲームソフトの価値についての社会的な認知度も上がってきている気がします。昔に比べると隔世の感があります。

しかしながら、そんな時代が来た今でも、筆者が好んで集めている「非売品等」のゲームソフトは、まだまだマイナーな存在です。レトロゲームの収集を趣味とするような人達からですら、「なにそれ?」「知らんがな」と言われるようなシロモノです(筆者自身は、そう言われると嬉しいのですが)。

それに加えて、最近はニュースの媒体が紙からWEBになってきたことにより、非売品ゲームのプレゼントキャンペーン告知等のWEBページも掲載期間が終わると消されてしまう傾向があります。もともと誰も知らない上に、いつの間にか公式情報が消えてしまっていることがあるため、ゲーム史に全く情報が残らずに消えていく可能性があります。

そういった、「ゲーム史に残らなそうな情報を載せたい」ということが、本書の2つ目の目的です。「そういう情報を本に載せておいて何の役に立つのか?」と聞かれると、正直、筆者も分かりませんが、筆者自身がそういうゲームソフトが好きなので、「自分が好きなものを載せておきたい」という気持ちで書いております(ついでに、もし後世において、誰かがこれを見て何か参考にしていただけたら嬉しいですが)。そのため、「この本に載せなかったら他の本には載らないだろう」というゲームソフトを優先的に掲載するようにいたしました。

前巻「非売品ゲームソフト ガイドブック」では、筆者自身のコレクターとしてのこだわりを優先して、基本的に「現物を用意できたもの」のみをご紹介しておりましたが、今回は、現物が用意できなかったものも含めて、なるべく多くのゲームソフトをご紹介するよ

うにしております。

　筆者自身は、ゲーム関係者でも何でもない、ただの
ゲーム好きなだけの素人ではありますが、情報を残す
からには、なるべく正確な情報を書くようにこだわっ
たつもりでおります。できるだけ公式情報や物的証拠
（ゲームソフト現物や付属する書類等）から情報を拾
うようにして、裏が取れなかったものは断定を避けま
した。その一方、「噂や推測の域を出ないが切り捨て
てしまうには惜しい」という話もあるので、そういっ
たことを書く場合は、その旨を書くように努めました。

●掲載写真について

　前巻では「ゲームを集めるだけでもこんなに楽しい」
ということを伝えたいと考えて、プレイ画面の写真は
一切掲載しませんでした。

　しかしながら、筆者自身が最近、心境が変わりつつ
あります。自分の非売品ゲームコレクションを見てい
ると、「この中には、世の中に数本しかないソフトも
ある」「このソフト、自分がプレイしなかったら、もう
誰もプレイしないことになるんじゃないだろうか…」
「このまま誰にも知られることなくゲーム史から消え
ていくのは、なんだか申し訳ない」と思うようになっ
てきました。

　そのため、今回の本では、プレイ画面も（筆者自身
がゲームが下手なので、少しだけではありますが）載
せるようにしております。掲載しているプレイ画面の
写真は、引用させていただいたものを除けば、基本的
には実物のゲームソフトを実機で起動したものです。
エミュレータの類は一切使用しておりません。必要な
技術としてエミュレータを否定するつもりはありませ
んが、筆者自身のコレクターとしての好みとして、現
物にこだわりました。

●SNSなどでの利用について

　情報というものは、「事実」「伝文」「推測」で大きく
異なります。本書では、そのあたりをなるべく正確に
記述するように努めたつもりでおります。文章は「て
にをは」を少し変えるだけで違うニュアンスになって
しまうことがあります。ですので、もしこの本に掲載
されているゲームソフトを見て、「こんなのがあった
んだ！」と思って、SNS等に載せたくなった場合は、
出典を明記した上で、極力原文のままで掲載していた
だけますと幸いです。

●最後に

　筆者自身が、日頃自分に言い聞かせていることなの
ですが、ゲームという文化は、ゲームの制作者・それ
を世に出した関係者・それを発売日に買って遊ぶプレ
イヤーといった、いわゆる普通にゲームを生み出し
て・世に出して・遊んでいる方々が本流で、筆者のよ
うなコレクターは、そのおこぼれで楽しませていただ
いている支流にいる身だと思っております。筆者の好
きなファミコンを例にとって言えば、ファミコン全盛
当時に上記のような本流の方々がいたからこそ、筆者
は今、ゲームソフトの収集などという道楽を楽しむこ
とが出来ているのだと思っております。特に、ゲーム
を世に生み出してくださった制作者の方々には最大限
の敬意を払いたいと思っております。

　その一方で、コレクターの目線で言えば、かつてイ
ンターネットが無かった頃に、コツコツ地道にゲーム
ソフトを集めて調べて、情報を蓄積してきてくれた先
達コレクターの方々の存在は大きいと思っておりま
す。筆者の知識などは、あくまで彼らの受け売りでし
かないと自覚しております。

　また、今現在進行形でレトロゲームに興味を持って
くださる方々の存在も、レトロゲームを盛り上げてい
くために欠かせない存在と思っております。特に、若
い方がレトロゲームに興味を持ってくださるのはとて
も嬉しいです。

　そういった、新旧・濃淡問わず色々な方々がいたか
らこそ、こういった本も出せるようになったと思って
おります。すべての方々に感謝します。また、こうし
て2冊目の本を世の中に出させていただく機会をくだ
さった三才ブックス様と、この本を書くにあたりご協
力いただいた多くの方々にも、深く感謝します。

　そして最後に、この本をお手に取ってくださった
方々、ありがとうございます。重箱の隅をつつくよう
なニッチな趣味ではありますが、非売品等の「ちょっ
と変わったゲームソフト」のコレクターの世界を眺め
て、お楽しみいただけたら幸いです。

非売品ゲームソフトとは

前述しましたが「非売品ゲームソフト」とは、一般販売されなかったゲームソフトです（以降、本書では「非売品ソフト」と記載します）。なぜそのようなものが存在するのかというと、いくつかのパターンがあります。

①キャンペーン等の懸賞で抽選でプレゼントされた
②ゲーム大会等の景品として配られた
③雑誌等で応募するともらえた（または購入できた）
④販促品等で配られた
⑤開発途中のソフト、ゲームショップの店頭デモ用ソフト、業務用ソフト等、本来世の中に出回らないはずのものが、なんらかの理由で流出した

等々です。共通しているのは、入手困難なものが多く、情報も少ないということです。まだ誰にも知られていない未知の非売品ソフトが存在する可能性もあります。

ある特定の機種（あるいはジャンル）における全てのゲームソフトを集めることを、コレクターの間では「コンプリート（あるいは略して「コンプ」）」と言います。発売されたゲームソフトのリストを全て消し込むと、コンプリートが達成されるというわけです。

一方で、非売品ソフトは、いわば、そのリストが無い状態です。終わりがどこにあるのかわからない状態で、未知のソフトを求めて探すことになるのですが、コレクター的にはそれが面白いのです。

本書で扱う範囲

ファミリーコンピュータ以降の家庭用ゲーム機用のソフトのうち、非売品あるいは毛色の変わったものや、筆者が個人的に好んだものを掲載しております（ゲームソフト以外も含みます）。筆者の個人的な趣味に沿って書いておりますので、必ずしも「非売品ソフト」だけを掲載しているわけではありません。また、筆者が知っている範囲内で書いておりますので、詳しく書かれているものとそうでないものとがあります。穴埋めのために文字数を水増ししても意味が無いと考えたため、詳しくないものについては、あまり記述しておりません。ご容赦いただければ幸いです。

本書の読み方

繰り返しになりますが、本書は、「眺めて楽しい本」を目指しております。筆者の好みに沿って書いておりますので、お読みくださる方も、肩の力を抜いて、適当に読み飛ばして眺めていただいて構いません。その中で、見たことのないお宝ゲームソフトが目に入ることがあると思います。その時、「これなに!?」と驚いていただけたら、筆者冥利に尽きます。雑然としたガラクタの山の中から、お宝を発見する楽しさを体感していただけたらと思います。

また、本書では、筆者が知る中で特に尖ったコレクターの世界を「一点集中型コレクター」としてご紹介しております。こちらもあわせてお楽しみいただけたらと思います。

▶▶ゲーム機の略称について

ゲーム機について、本書では以下の略称で表記することがあります。

FC…………ファミリーコンピュータ
FCD………FCディスクシステム
SFC………スーパーファミコン
N64………NINTENDO64
GC…………ゲームキューブ
VB…………バーチャルボーイ
Switch……Nintendo Switch
GB…………ゲームボーイ
GBC………ゲームボーイカラー
GBA………ゲームボーイアドバンス
DS…………ニンテンドーDS
3DS………ニンテンドー3DS
SMS………セガ・マスターシステム
MD…………メガドライブ
MCD………メガCD
GG…………ゲームギア
SS…………セガサターン
DC…………ドリームキャスト
PS…………プレイステーション
PS2………プレイステーション2
PS3………プレイステーション3
PS4………プレイステーション4
PSP………PlayStation Portable
PS Vita……PlayStation Vita
PCE………PCエンジン
NGP………ネオジオポケット
WS…………ワンダースワン

1

任天堂
据置機編

前巻「非売品ゲームソフトガイドブック」を書いた2018年時点で、ファミコン（FC）が発売されてから35年、スーパーファミコン（SFC）は28年が経っていました。それだけの年月を経て、FC・SFCの非売品ソフトは、さすがにもう出尽くしただろうと思っていましたが、その後まだまだいろいろと新事実が発掘されています。そんなFC・SFCを中心に、任天堂据置機の非売品や特殊ソフトを紹介していきます。

FC・SFC
■ イベント用カセット

FC・SFCの非売品ソフトには、開発途中版カセット、サンプルカセット、イベントに使われたカセットなど、特殊なカセットが存在します。

市販されたFCカセットは、珍しいものでもそれなりの本数が生産されていますが、こういった特殊なカセットは、基本的に数が少ないです。またそもそも本来は販売されるものではありません。そのため中古市場で見かける機会は少なく、一期一会レベルの入手難度です。

ユーザー向けではないため記録は残っていないのが普通で、制作経緯や制作本数などは不明なのが当たり前の世界。少なくとも筆者は、全容をつかむのは諦めております。ですが、稀に偶然、心の琴線に響くようなカセットに巡り合えることがあります。

FC
第2回TDK全国キャラバン用 スターソルジャー

● ハドソン

ハドソンが開催していた全国キャラバン。1986年の第2回で使われたソフトが『スターソルジャー』でした。TDKが協賛していたことを受け、タイトル画面には「TDK全国キャラバン」と大きく表示されています。

FC

［スターフォース連射測定カセット］

●ハドソン

　FCで『スターフォース』や『スターソルジャー』が発売された当時、全国のファミコン少年たちは連日FCのコントローラーのボタンを競って連打していました。そんな時代背景を反映するように、「連射測定カセット」という非売品ソフトがあります。

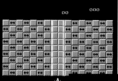

　『スターソルジャー』の連射測定カセットはイベントなどで使用されたようで、非売品ソフトの中では有名な部類と言えるでしょう。しかし実は、『スターフォース』にも同様の連射測定カセットが存在するのです。

　スタートすると画面いっぱいにジムダが配置されていて、10秒間カウントしている間にがんばって破壊するという内容です。いつどこで使われたのかいまひとつ謎なソフトなのですが、イベントで使われたとしたら、当時のファミコン少年たちはさぞかし盛り上がっただろうなぁ……と感じます。

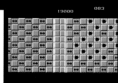

FC

［スターソルジャー 連射測定カセット］

●ハドソン

　前巻「非売品ゲームソフト ガイドブック」でも紹介した非売品ソフトですが、どうもこのカセット、いろいろな色違いがあるようです。とりあえず3種類入手できたので、改めて掲載します。

　黒のカセットは、手に取った時の重さが違ったので、カセットを開けて中を見てみたところ、EP-ROMではありませんでした。ただ、これだけで偽物とは断定できないので掲載しておきます。

FC

［タイマーカセット］

●ハドソン

　画面に分・秒が大きく表示されていて、カウントしてくれるというものです。デフォルトは1:00（1分）から開始して1秒ずつ減っていき、0になると画面が赤く点滅します。また、カウントする分を増やすこともできます。

　カウント音やタイマー設定時の効果音は『ロードランナー』のもので、筆者としては効果音だけで懐かしさいっぱいな非売品ソフトです。『スターソルジャー』あたりのキャラバンなどで、時間カウント用に使われたものではなかろうかと推測しております。

デフォルトでは1分間を計測。計測時間を増やし、5分間などに設定することも可能だった。

ゴールドな非売品

ゴールド仕様の非売品は、その外観からして特別感があります。前巻から追加情報があるもの、新たに入手・発見されたものを紹介していきます。

FC
［キン肉マンゴールドカートリッジ］

●バンダイ 協力：オロチ

前巻にも掲載した非売品ソフトの代表格ですが、色々追加情報があるので、改めて紹介します。

FC『キン肉マン マッスルタッグマッチ』は1985年11月8日に発売。その販売促進キャンペーンとして「宇宙一ゲーム超人コンテスト」が開催されました。クリアラウンド数の多さを競う大会で、賞品として各地区の優勝者8名に「ゴールデンタッグカートリッジ」という非売品バージョンがプレゼント。これが通称「キン肉マンゴールドカートリッジ」です。

カートリッジが金色であることに加え、登場キャラのひとりが、優勝者が希望した超人と差し替えられています。つまり、世界に8本ではなく、それぞれの地区優勝者バージョンが各1本のみ存在するという規格外の超レアソフト。また、各地区上位50名には名前とラウンド数入りの特製シルバーカードが配られました。その数は合計400枚だったと思われます。

2005年1月にまんだらけオークションに出品された際は、100万100円という、当時のレトロゲーム市場では前代未聞の高値で取引。そのニュースはいくつかの地上波テレビ番組に取り上げられ、世間一般にも知られるプレミアソフトの代表格となりました。それは同時に偽物の氾濫というネガティブな結果を生んでしまいます。

以降、ネットオークションでは数々の「キン肉マンゴールドカートリッジ」が出品されました。中には偽物と思われるものもあり、いつしか「レアだけど真贋鑑定が難しい」という、扱いの難しい存在となってしまいました。真贋の保証は非常に難しいのですが、現時点において、おそらく本物じゃなかろうか…という可能性が高いと思われるのは、以下の4本です。また、最近になって出てきた1本については下記を参照してください。

①ペンタゴンバージョン 2005年1月：まんだらけオークション、②ブラックホールバージョン（バッファローマン差し替え版）2006年4月：Yahoo!オークション、③モンゴルマンバージョン 2006年6月：Yahoo!オークション、④ザ・ニンジャバージョン 2009年2月：Yahoo!オークション。

▶▶ 加藤ヒロシバージョンの衝撃

●バンダイ 協力：オロチ

2021年5月、メルカリに「キン肉マンゴールドカートリッジ」が登場。この出品には、過去の出品物と大きく異なる点が3点ありました。①入賞者にのみ配られたシルバーカードが付いていた（クリアしたラウンド数や氏名、地区が記載）、②当時入賞した本人からの出品だった、③差し替えられた登場キャラが「ビー・バップ・ハイスクール」の加藤ヒロシだった。①と②は、出品物の信憑性が高いことを意味します。過去、ここまでしっかりと出所を明確に示した出品はありませんでした。

また、③は衝撃的でした。これまでに本物っぽいものが4本出ており、「残りの4本の超人なんだろう？」などなどと、コレクター界隈では語られていました。そこにまさかの「加藤ヒロシ」。全くの予想外でした。

入賞者に配られたシルバーカード。

差し替えキャラクターは、漫画「ビー・バップ・ハイスクール」の加藤ヒロシだった。

取引価格は95万円。大金ですが、このレアソフトの割には良心的な値段でしょう。出品された瞬間にコレクター界に激震が走り、皆が色めき立ちましたが、すぐに取引が成立。出品者も購入者も良心的で、気持ちの良い取引として成立したようです。詳細は、ブログ「ファミコンのネタ!!」にも掲載されております（https://famicoms.net/）。

FC
［飛んでるジョイパッド］
●セタ

FC『六三四の剣』の箱のふたについているシールを封筒に入れて応募することで、抽選で1200名に当たりました。パッケージの裏に「GOLD仕様」と記載されています。

協力：そらの

協力：BAD君

FC
［オリジナルゴルフコース入り ゴールデンディスク（ゴルフJAPANコース）＆入賞記念盾］
●任天堂

ディスクファクスを使ったイベント第1回「ゴルフトーナメントJAPANコース」において、上位100名に入賞記念盾とゴールデンディスクが、その他5000名にゴールデンディスクが配られました。前巻ではゴールデンディスクのみを掲載しましたが、今度は入賞記念盾付きのものを掲載。

立派な盾に収まっている上、ディスクのシールもゴールド仕様で、お宝感がきらめいています。収録されているゲーム内容も少し違うそうです。

協力：レトルト

FC
［データック ドラゴンボールZ 激闘天下一武道会 プレミアムゴールドカード］
●バンダイ

データック発売当時のチラシにひっそりと、カリン様の部屋で聞ける秘密のパスワードをハガキに書いて送ると「抽選で素敵なプレゼントが当たるぞ！」という記載がありました。この抽選でプレゼントされたカードです。

正直、何名の方がこれに気がついて応募したのか疑問です。そのせいか極めて希少。その希少性に加え、ファミコンであり、ゴールドであり、ドラゴンボールであり、カードでもあるということで、超激戦な一品になってしまっております。

SFC
［ヤムヤム ゴールドカートリッジ］
●バンダイ

前巻にも掲載しましたが、追加で分かったことがあるので改めて紹介します。

この非売品ソフトは、雑誌「ゲーム・オン！」で開催されたオープニングの歌詞コンテストで1名にプレゼントされたとされてきました。しかし、同誌の他の号でもプレゼントされたことが判明したのです。
①ゲーム・オン！1994年7月号。ヤムヤムのミニシナリオのアイデアを募集する「どんぶり一杯の平和」コンテストが開催されました。その大賞3名。
②同1994年8月号。ヤムヤムの踊りの振り付け「勝ダンス」と「ヤムヤムのお腹の住人」募集の記事があり、前者の大賞1名と後者の大賞3名。
③同1994年9月号。「マグマグの見る夢」(のマンガ)

と「歌詞コンテスト」募集の記事があり、前者の大賞3名と後者の大賞1名。

各々に「特製ゴールデン・カートリッジ＋こした先生サイン色紙＋『ヤムヤム』テレカ4枚組セット」をプレゼントする旨の記事がありました。つまり、前巻で紹介した1本と合わせて、合計11本は少なくともプレゼントされていたようです。

筆者は過去にネットオークションで数本見たことがあり、中には「本物っぽい」と思えるものもありました。「でも1名にプレゼントだしなぁ…」と首をかしげていたのですが、他にもプレゼントされていたとわかりスッキリしました。

見たことのない非売品

市場に出てきたことが無いと思われる抽選プレゼント、一般配布されていない試作品など、現存するのかどうかも不明な幻のアイテムについて、当時の雑誌・チラシなどで紹介します。

FC
［ウラナイドⅡ］
●タイトー

1988年、FC『アルカノイドⅡ』発売時に「オリジナル・エディット画面コンテスト」というキャンペーンが告知されました。

エディット・モードで作ったオリジナル画面を写真に撮って応募すると、300名にコンテスト入選作をプログラムした特製カセット『ウラナイドⅡ』が当たるというものでした。

ただ、このソフトを実際に見たことがあるという人がおらず、（筆者が知る限りでは）市場に出てきたこともありません。実際には配布されなかったという噂がまことしやかに囁かれております。ファミコンコレクターは長年、この非売品ソフトが「配布されなかったという証拠」を追い求めている状態です。

FC
［ブロックがこわれない特別版『アルカノイド』］
●タイトー

マル勝ファミコン1987年3月27日号に、「3名にプレゼント」という記載がありました。当該記事によると、「開発中にテスト用に作られたもの」「ブロックがこわれないので、面クリアもできないが、ボールを打ちかえすたびにどんどんスピードアップしていくので、練習には最高」という鬼畜仕様。もし本当にプレゼントされていたら、ぜひ見てみたい一品です。

マル勝ファミコン1987年3月27日号

SFC
［実況パワフルプロ野球'94 雑誌社対抗大会用オリジナルロム］
●コナミ

ゲームに関する雑誌社8社による、SFC『実況パワフルプロ野球'94』の大会が開催された際、コナミが大会用に制作したものです。

当時の記事によれば、「球団名が各雑誌になっている他、選手名も各雑誌のスタッフ名に変えてある」「各チームのロゴマークまで作ってあった」とのこと。

プレゼントなどはされておらず、市場に出てくることはまずないと思われます。しかしコレクターは、誰かが流出させるんじゃないか…と不埒なことを考えつつ、虎視眈々と待っているものなのです。

Vジャンプ1994年5月号
（協力：ナポリたん）

覇王1994年4月号（協力：ナポリたん）

SFC [ガリバーボーイ オリジナルカセット]

●ハドソン（SFC版はバンダイ発売）

　1996年のSFC『空想科学世界ガリバーボーイ』発売時、「魔人バトルキャンペーン」が開催されました。ゲームクリア後にできる魔人バトルで出てくるポイントとクラスをハガキに書いて応募して競い、上位10名に「広井王子氏と芦田豊雄氏のサイン色紙」と「ガリバーオリジナルカセット」をプレゼントするというものでした。筆者はこの「オリジナルカセット」なるものを見たことが無いのですが、もし実在したらすごいですね。

Vジャンプ1996年8月号
（協力：ナポりたん）

SFC [甲竜伝説ヴィルガスト ゴールデン／シルバーカセット]

●バンダイ　寄稿：鯨武長之介

　SFC『甲竜伝説ヴィルガスト』発売前、ファミマガ1992年4月17日号において、カップル限定のプレゼント企画「主人公乗っ取りコンテスト」が開催。記事によると、「実際にラブストーリーの展開を体験してもらおう」「ゲームの中の2人を（中略）君と、君の恋人（もしくは大好きな女の子）に作り替えてしまおうじゃないか」「作り替えるのは名前だけじゃない。オープニングデモや、エンディングといったゲーム内のグラフィックデモも、写真を元に2人のグラフィックに作り替える！　完全限定版、2人だけの限定カセットを作ってプレゼント」とのこと。

　応募方法は、写真、プロフィール、好きなところ、思い出などを送るというものでした。

　ファミリーコンピュータMagazine1992年6月12日号にて、結果発表の記事があり、300組もの応募から、金賞1組、銀賞2組のカップルが選ばれました。このほか5組に、特別賞として製品版が贈られています。

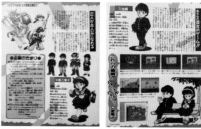

ファミリーコンピュータMagazine1992年4月17日号

ファミリーコンピュータMagazine1992年6月12日号

SFC [水の旅人 侍KIDS オリジナルゲーム]

●コナミ　寄稿：鯨武長之介

　1993年に公開された映画「水の旅人 侍KIDS」のワンシーンに登場したもの。画面写真から、和風の横スクロールアクションと思われます。ステージ道中、ムービー演出、そしてボス戦まで、すべて映画用に制作されたオリジナルであることがパンフレットに記されており、「コナミには製作ライン3班かかりきりでオリジナルゲームソフトを作成して頂いた」とのことで、なかなかの力の入りようです。

SFC
［スーパーファミコン近代3種］

●任天堂　寄稿：鯨武長之介

　ファミコン通信1992年10月16日号の記事に、任天堂1社提供によるファミコンゲーム専門番組「スーパーマリオクラブ（テレビ東京系列）」で「100回目を迎え」「記念して1992年10月8日に特番が放送」との記載があります。こちらは、その特番の「ファミコン世界一決定戦」で使用されたもの。また、その予選である全米大会でも使用されました。

　内容としては、『スーパーマリオワールド』『F-ZERO』『パイロットウイングス』が収録されています。

ファミコン通信1992年10月16日号

SFC
［最強 〜南原清隆〜 アルティメットタワースペシャルバージョン］

●ハドソン　寄稿：鯨武長之介

　TV番組「史上最強格闘技アルティメットタワー」（テレビ朝日系、1994年12月14日放送）内で使用されたもの。当時開発中だったSFC格闘ゲーム『最強 〜高田延彦〜』のキャラクターを、ウッチャンナンチャンのナンチャンこと南原清隆に差し替えた特別バージョン。

　記事を見た感じでは、ナンチャンが色々なポーズをとってくれるといった内容だったようです。なお製品版は、放送から1年後の95年12月に発売されています。

ファミコン通信1994年
12月23日号

SFC
［エニックスゲームスクール卒業制作］

●エニックスゲームスクール　寄稿：鯨武長之介

　エニックスの関連会社「エニックスゲームスクール」。ファミコン通信1993年3月19日号の記事に、卒業制作で制作されたタイトルが掲載されており、その中の『CrystalMoon』（アドベンチャー）と『GUN'MENS』（シューティング）は、「スーパーファミコン用と想定した」ものと記載されています。

ファミコン通信1993年3月19日号

FC [スラディウス] 協力：石之丞、オロチ

前巻発売時の記念イベントに来てくださった方から、謎のFCソフトを見せていただきました。外観は基板むき出しで、FCカセットの基板とのこと。ヤフオクで「ヒューマンクリエイティブスクールの学園祭で入手したもの」として売られていたものを落札されたという話でした。

FC本体で起動してみると、「SRADIUS（おそらく『スラディウス』）」というタイトルと、「HUMAN CREATIVE SCHOOL 1993」の文字が表示。見た目がコナミ『グラディウス』に似た印象で、ゲーム内容も同作を思わせるものでした。

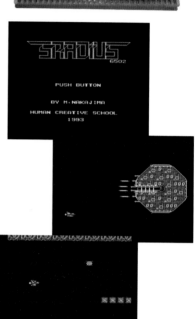

タイトル画面の表記、エンディングのスタッフロールなどから、ゲーム専門学校で制作されたものと考えられるものの、この時点では確証はありませんでした。色々と想像力を掻き立ててくれるソフトで、筆者はこのソフトを見た時、とてもワクワクしました。

その後、ブログ「ファミコンのネタ!!」で本ソフトについて詳しく調べて記事にされており、いくつかのことが判明しました。ゲーム専門学校「ヒューマンクリエイティブスクール」の課題で制作されたものであること、学園祭の場でROMに焼いて配布されたことなどの証言がありました。伝聞情報ではあるものの、配布経緯の整合性は取れており、信憑性は高いと思われます。

筆者は、こうしたソフトもFCの歴史に確かに存在していた一品であり、語り継がれて欲しいエピソードだと考えております。

▶▶ゲーム専門学校制作ソフトを求めて

前頁『エニックスゲームスクール卒業制作』のような、ゲーム専門学校で制作された作品を非売品ソフトとすることについては、賛否あるかと思います。しかし心惹かれるコレクターは多いと思います。

PCエンジン『ハドソン・コンピュータ・デザイナーズ・スクール 卒業アルバム』などは、まさにそのような作品で、ネットオークションではコレクター同士での熾烈な争奪戦となりました。「愚かなことを…」と思う方も多いと思いますが、それでも欲しがるのがコレクターの性です。

SFCでは、ゲーム専門学校で使用されたと思われる『GAME PROCESSOR』というカセットが存在します。このソフトはスーファミ本体では起動できない（というのが通説）ので、ただのお飾りアイテムと化しています。それでも筆者は「もしかしたら起動できるものがあるかもしれない…」と何本か

購入しましたが、すべて起動できませんでした。当たりが入っていないかもしれないガチャガチャを引き続けております。

ちなみに、前巻で本カセットを掲載した後、箱付きのものを入手しました。と言っても、ただの真っ白な箱なのですが、こういう微妙な箱が、コレクター的には嬉しかったりします。

その他色々な非売品

FC
[ツインファミコン シーチキンUプレゼント版]

1987年にはごろも缶詰（株）が実施した「ツインファミコンプレゼント」のキャンペーンで、1000名にプレゼントされたと思われるものです。

応募方法は、「シーチキンU」のクイズの答えをハガキに書いて送るものでした。この手のキャンペーンにありがちな、「絶対に間違えるやつはいないだろう」という、形式的なクイズに答えるものです。

ツインファミコンに「シーチキンU」のシールが貼ってあるだけなのですが、この微妙な感じがまた良いです。シールを剥がしてしまったら市販品と全く同じ。当時の子供達が、このシールをゲシゲシと剥がしてしまったであろうこと想像に難くありません。ですので、現存数は極めて少ないと思われます。

FC
[パウパウコンピュータ]

寄稿：BAD君

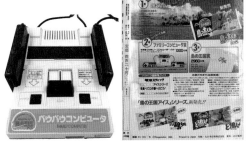

「明治スティック 島の王国アイス」のキャンペーン賞品。ハガキにクイズの答えを書いて応募するもので、抽選で1000名にファミコン本体とゲームソフトが当たった。このパウパウコンピュータはファミコン本体にシールを貼っただけのもので、多くの当選者はシールを剥がしてしまうため現存している物はほぼ無いと思われる。ソフトは市販品の『アイスクライマー』か『クルクルランド』がランダムで選ばれたらしい。

小学五年生1985年6月号の裏表紙にプレゼントキャンペーン広告が出ている。しかし、その認知度は恐ろしく低かったのではないだろうか。1985年6月ごろといえばまだファミコン専門誌が創刊されていない時期。実際、この広告で存在を知りネット検索してみたが、情報はごく僅か。当時のキャンペーンを知っていた数名の方々や、ひとりの当選者が話題にしていた程度。実物の写真は見つけることができなかった。

情報発見当時はパウパウコンピュータが本当に贈られたのかすら懐疑的で、当選者に会ってインタビューをしたほどだった。当選者によると、家のファミコンが壊れたタイミングで当選通知書と共に送られてきたらしい。残念ながらシールは剥がしたとのこと。

認知度が低すぎることもあり、市場に出て来る可能性は低いだろう。ファミコン本体の山の中から偶然見つかったのは幸運なのかもしれない。

SFC
[スーパーファミコン本体 ジャンププレゼント版]

　SFCにもあります、シール貼っただけの非売品本体。正式名称が不明なため、仮に「ジャンププレゼント版」としています。

　週刊少年ジャンプ誌上の懸賞で何回か、特別版のSFC本体がプレゼントされました。複数回プレゼント

されたため種類が多く、しかも各々の配布数が5〜10名程度と非常に希少です。さらに、シールを剥がしたらただの市販品の本体。現存数は絶望的に少ない非売品ではあるのですが、シールを貼っただけなので高値は付きにくいという、微妙な一品となっております。

SFC GG
[貯金戦士CASH MANスーパーファミコン／ホビー戦士燃えろ武伊!ゲームギア]

　これ系の非売品SFC本体として「貯金戦士CASH MANスーパーファミコン」があります。ブイジャンプ1991年6月26日号の懸賞で5名にプレゼントされたものですが、筆者は実物を見たことがありません。シールを貼っただけなのか、印字してあるのかも不明です。

　また同じ号の懸賞で、「ホビー戦士燃えろ武伊!ゲームギア」というゲームギア(以下「GG」)本体が5名にプレゼントされています。こちらもまた激レアな一品。もしお持ちの方おられましたら、ぜひご連絡ください。

　この手の「特別なロゴを印字したゲーム機などを、懸賞で少数プレゼント」というのは、けっこうたくさんあったようで、いまだに新しいものが出てきて驚かされることがあります。

ブイジャンプ1991年6月26日号（協力：ナポりたん）

SFC
[電撃スーパーファミコン ロゴマーク入り ハイパービーム]

　こちらは、ロゴマークが入ったコードレス・コントローラ。筆者が密かに探し続けている品です。

　電撃スーパーファミコン1993年2月12日号に、100名にプレゼントする旨の記事がありました。

電撃スーパーファミコン1993年2月12日号（協力：ナポりたん）

FC
[ファミコンジャンプ サイン入り]

協力：オロチ

　「シールを貼っただけ」に近いアイテムとして、「サイン入り」があります。週刊少年ジャンプ1989年4月24日号で、橋本名人のサイン入りのFC『ファミコンジャンプ』カセットが600名にプレゼントされました。市販品ソフトに、橋本名人が1本1本手書きでサインしたというもの。貴重ながら、市場価格は付けづらい一品です。

週刊少年ジャンプ
1989年4月24日号

FC
[危険物のやさしい物理と化学]

●コナミ　協力：murakun

FC本体とカセットの間にセットする「Q太」というアダプタがあり、『NHK学園』などのQ太専用ソフトが存在します。そしてこの『危険物のやさしい物理と化学』は、Q太専用ソフトの中でも最高峰に激レアな非売品ソフトと言えるでしょう。前巻ではケースのみ掲載しましたが、現物をお持ちのコレクターに協力いただき、改めて紹介します。

本ソフトは、出光興産社員向けの教育ソフトと言われております。グラフィックはかなり綺麗です。

「ラッキー！よーし、それにアクセスして私も勉強しょっと。ちょっと、そこのあなたも一緒にお勉強しましょ。」

「ですが、伝説の書には"それは危険物取扱者でなくては、扱ってはならぬ"とあります。」
「何それー！どうしよう。」

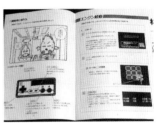

SFC
[スーパーフォーメーションサッカー95
della セリエA ザクアバージョン]

●ヒューマン

前巻にも掲載しましたが、フルセットを入手できたので掲載します。ゲームソフト、サッカーボール、ポストカード、そしてこれらを入れるダンボールです。正直なところ、サッカーボールとダンボールは経年劣化が激しく、置き場所に困るようにも思われます。

ご当選おめでとうございます！

いつも当社製品をご利用いただき厚く御礼申し上げます。

このたびは、「ザクア　ロベルト・バッジョ　キャンペーン」にご応募いただき、誠にありがとうございました。

多数のご応募の中より厳正なる抽選の結果、ご当選されましたので、ロベルト・バッジョ　サイン入りオリジナルボールとスーパーフォーメーションサッカー95 della セリエAをお届け致します。

今後とも、「パワースポーツ飲料ザクア」ならびに、当社製品へのかわらぬご愛顧をお願い申し上げます。

UCCキャンペーン事務局
Tel：(048)466-1990

月曜日〜金曜日　10：00〜17：00

Ⓕ［カセットのラベルシール］

　FC『エグゼドエグゼス』と『ロットロット』に、シルバー、ゴールド、プラチナ、ロイヤル純金のステッカーがあるのは有名です。これらは市場でも高値が付くことがありますが、他にも色々あります。

『エグゼドエグゼス』と『ロットロット』のステッカー。詳細は前巻参照。

『スーパーマリオブラザーズ』のものは、当時のサントラCDに付属していたラベルシール。ただのシールですが…、カセットに貼るとあら不思議、プレミア感のある非売品ソフトのように見えます。（協力：オロチ）

Ⓕ［ポケットザウルス シルバーコイン］

●バンダイ

　FC『ポケットザウルス 十王剣の謎』の説明書によると、ステージ5のクロスワードを解いてハガキで応募すると、抽選で50名にプレゼントされたもののようです。重厚なケースに入っています。

ルWキャンペーン

2 「シルバーコイン」プレゼント

●神々の時代（ステージ5）のクロスワードをといて「十王剣の秘密その五」の文章をハガキに書き 〒111 東京都台東区蔵前3-1-12バンダイゲーム情報局「ファミコンポケットザウルス十王剣の謎」シルバーコイン・キャンペーン係に送ってください。

●プレゼント「オリジナル・ポケットザウルス シルバーコイン」を抽選で50名様にプレゼント。

●〆切 昭和62年5月末、賞品の発送をもって発表にかえさせていただきます。

FC ［明星特製 ファミコン・キャリングBOX］

　FCディスクシステム（以下「FCD」）用ソフト『パルテナの鏡』とセットでプレゼントされたもののようです。しっかりした裏付けが取れておらず噂話の域を出ないのですが、明星チャルメラ発売20周年記念のキャンペーンで、7500名にプレゼントされたという説があります。

　チャルメラと言えば、チャルメラ版のFC本体と『ゼルダの伝説』が有名ですが、他にもあったんですね。

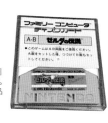

協力：BAD君

こちらは、『ゼルダの伝説』のチャルメラバージョン。比較的よく知られた非売品ソフトです。

FC ［アトランチスの謎タオル］

●サンソフト

　サンソフトは、FCソフトを発売するたびに、色々とプレゼントキャンペーンを行っていました。

　FC『アトランチスの謎』のチラシによると、「エリア20にあるキーワードをカセットの中に入っている応募はがきに書いて送ろう」とのこと。オリジナルバスタオルが500名に、オリジナルスポーツタオルが1000名にプレゼントされました。

■一点集中型コレクターの世界
ファミコン周辺機器編

寄稿：BAD君

ゲームの収集という趣味には、色々な形があります。なかには、「自分が思い入れのあるタイトルのみを集める」「あるキャラクターが出ているソフトのみ集める」など、特定のジャンルに特化してとことん極める方もいらっしゃいます。

そんな一点集中型コレクターの深い世界の一端をご紹介。まずは、ファミコン周辺機器コレクターのBAD君です。ファミコン周辺機器において、その調査力、情報量は、他のコレクターの追随を許しません。　　　（じろのすけ）

SFC
［CAPCOMパワースティックファイター（優勝賞品）］
●カプコン

カプコン主催の「ストリートファイターⅡチャンピオンシップ」、92・93年度の地方店舗予選優勝賞品。箱にシールが貼られている。94年からは賞品がカプコンパッドソルジャーになっている。

FC
［ゾンビハンターコマンダー］

ファミコン通信1987年8月7・21日合併号より。『ゾンビハンター』の発売キャンペーン用で、ハイスコアコマンダーとも呼ばれている。ファミ通やファミマガで数名にプレゼントがあったが、実物は未だ確認できず。

FC
［ゲゲゲの鬼太郎チャンピオンシップ］
特製コントローラーケース
●バンダイ

バンダイ主催「ゲゲゲの鬼太郎チャンピオンシップ」が開催され、『妖怪大魔境』のハイスコア上位者に贈られた。計450個。実物は確認できておらず、代替品が配られた可能性もある。果たして存在するのか。

●BAD君のブログ「ファミコン周辺機器＠宇宙一（月面探査中）」
（https://bigafrodogg.hatenablog.com/）

FC
[六三四の剣ファミコイン]
●タイトー

コントローラーの十字キーに被せて操作性を良くする補助器具で、2種類ある。非売品と書かれてはいるが配布方法は不明。ソフトのキャンペーン用としてあちこちで配っていたのだろうか。飛んでるジョイパッドキャンペーンの残念賞という噂も。

FC
[データックオリジナルカード]

コミックボンボン1993年5月号の付録。最強ダブルバーコードと銘打っている通り、ガンダムとウルトラマンのデータックソフトに使える。とても小さく、切り取って使われるため残っていなさそう。入手は困難。

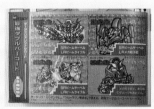

FC
[デカチンメガネ]

ファミリーコンピュータMagazine1987年3月20日号より。スクウェア発売のとびだせメガネ限定版。ファミマガ誌上で5名にプレゼント。あまりの大きさにジョーク企画とも思えるが、実際に当選者はいるのだろうか。

FC
[スクウェア特製
オリジナルゲームカセットホルダー]
●スクウェア

サントラ「ファイナルファンタジーⅠ・Ⅱ全曲集」の初回特典。組み立て式なのは、嵩張らないようにというレコード店への配慮だろうか。

FC
[マリオの大冒険カセットケース]

オールナイトニッポンの企画で『スーパーマリオブラザーズ』の攻略ビデオ「マリオの大冒険」が発売された。派生商品でレコードも出ており、そのキャンペーン用として配ったようだ。コンプティーク誌上でもプレゼントがあった。

FC
[ナムコット カセットケース]
●ナムコ

NG 1985年8号で10名プレゼント。裏は取れていないが、ナムコ製のファミコンソフト付属アンケートハガキを送ると抽選で当たったとの噂も。ハガキにはナムコオリジナルグッズをプレゼントとしか書かれていない。

FC
[ナムコット・サマーカップ'85特製カセットケース]
●ナムコ

namcot SUMMER CUP '85の文字が眩しい。各ゲームの高得点者上位1000名とあるが、対象ゲームは01ギャラクシアン〜06ディグダグまでの6作品。1000名なのか6000名なのか、日本語は難しい。おそらく1000名。

FC
[パッカンボーイ]
●コナミ

カセットが2つ入り、携帯できるようストラップ付き。写真の他にもツインビーが存在する。市販されたとの噂もあるが、ゲーム雑誌でごく少数のプレゼントされた情報しか見つかっていない。コナミキッズクラブのロゴが入っており、関連性が興味深い。

FC
[アイレム 百科事典風ケース]

ファミコン通信1989年No.16・17合併号より。カセットケースを百科事典に擬態させて本棚に飾る想定らしい。ジョーク企画としか思えないが本当に存在したのだろうか。有るか無いかに思いを馳せるのも未知の非売品の楽しみだ。

アイレムの百科事典風カセットケースだよん

これなーんだ? この写真だと何なのかわからないけど、これはファミコンのカセットケース。本棚に立てかけておけば、大切なカセットをお母さんに捨てられることともないぞ。

▼下のところに、アイレム・パーティーとあるだけだから、一見何なのかわからないんだ。でも本当は違色なんだよ。

動物の生態 ①
12名

FC サンソフト サンダーバード型 カセットボックス

●サンソフト

　FCD『ナゾラーランドスペシャル!!「クイズ王を探せ」』説明書でのプレゼント。なぜ車のサンダーバードなのか？　収納対象は音楽用カセットテープなのか、ゲームカセットなのかすら読み取れない。サンソフトのはちゃめちゃぶりに釘付け。

FC ファミ通 カートリッジケース

　ファミコン通信1989年16・17合併号より。詳しく確認してはいないが、89〜90年台初頭ごろにあったもの。990ガバスで交換可能。こちらも目撃談が無いため情報募集中。

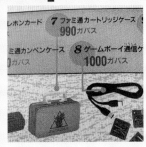

FC ファミコン神拳 カセットケース

　全国のファミっ子が夢中になった週刊少年ジャンプのファミコン神拳。奥義（いわゆる裏技）が採用されるとプレゼントされた物。キム皇のファミコン神拳110番、週刊少年ジャンプ秘録!! ファミコン神拳!!!、週刊少年ジャンプ1988年3・4号より。

FC キン肉マン・ハイスクール!奇面組 ファミコンソフトケース

　集英社はかなりファミコンに力を入れていたようで、ジャンプの看板漫画のグッズで推してくる傾向。奇面組はファミコン関係ないと思うけど……。キン肉マンの方は存在不明ながら、奇面組の当選者とはコンタクトが取れた。週刊少年ジャンプ1986年5号、1986年6号より。

ファミコンソフトのバージョン違い

FCソフトを集めていると、「同じソフトなのに、箱・説明書・カセットなどに微妙に違いがある」と気がつくことがあります。例えば、任天堂の銀箱です。任天堂がFC初期に発売したタイトル（『ドンキーコング』など）は、FCカセットとほぼ同じサイズの小さな箱に入っていましたが、その後、少し大きいサイズの銀色の箱で再版されました。さらに重度のコレクターになってくると、型番やメーカーの住所、説明書の誤字などで一喜一憂するようになってきます。こういったジャンルを総称して、コレクターの世界では「バージョン違い」と呼びます。

FC

[『ファミコンジャンプ』のバージョン違い]

●バンダイ　協力：オロチ

このソフトには、カセットに型番が記載されているものと、されていないものがあります。また、箱の裏面の発売元の記載が２種類存在します。「発売元 株式会社バンダイ」と「製作・発売元 新正工業株式会社、販売元 株式会社バンダイ」です。

また本作の発売日については、1989年の「２月15日」説と「２月25日」説があります。当時の雑誌を見る限りでは「２月25日」という記載が多いのですが、一部の書籍では「２月15日」とされています。

日経流通新聞（1988年12月15日付）には、（同作は）「百貨店、スーパー、玩具専門店などのほか、一部書店ルートでも販売する」とあります。ここから、「２月15日は誤りではなく、書店流通の発売日だったのではないか？」「だからゲーム雑誌には載らなかったのではないか？」「箱裏の発売元の違いはそのせいではないか？」といった推測が出てきます。まだ仮説の域を出ませんが、いつか明らかになったら面白いなと思います。

FC

[『奇々怪界 怒濤編』のオマケ違い]

●タイトー　協力：ベラボー

FCソフトの中には、オマケがついているものがいくつかあります。FC『ウィザードリィ』のモンスターカード、FCD『トップルジップ』のポケBなどです。

その中でもレアなのが、FCD『奇々怪界』の付属ソフビです。『奇々怪界』自体が人気タイトルでプレミア価格になりがちで、その完品（ソフビ付）を入手するだけでも、今となっては困難です。そのソフビの色に複数バージョンがあることは、古参コレクターならば有名な話ながら、実際に持っている人はほとんどいません。

最近のFC・SFC関連非売品

FC
[ファミコン消しゴム（12個入／ケース付き）]

●バンダイナムコエンターテインメント

Switch『ナムコットコレクション』発売記念キャンペーン（2020年8月20日〜2020年9月22日）で、50名にプレゼント。Twitterで公式アカウントをフォローし、対象ツイートをリツイートすることで申し込めました。

キャンペーン告知では「抽選で50名様に『ファミコン消しゴム』（12個入／ケース付き）をプレゼント」とのみ記載。筆者は勝手に「ファミコン消しゴム ナムコセット」と呼んでおります。

FCで発売されたナムコ製ソフトの小箱版を模した消しゴムが入っており、さらにFCでは発売されなかった「パックマン チャンピオンシップエディション」と「ギャプラス」が入っていて、遊び心があります。

FC
[ロックマン オリジナルカセット型消しゴム]

「ロックマン」と「浅草花やしき」のコラボイベント「狙われた花やしき!?『謎のロボット検索スタンプラリー』」（2014年9月13日〜10月26日）の景品として配布。実物は小さく（幅3〜4センチぐらい）、本当にただの消しゴムなのですが、なかなか味のある見た目で、筆者個人的には気に入っています。

FC
[高島屋おせち スーパーマリオオリジナルカード]

スーパーマリオブラザーズ30周年記念として、高島屋がコラボおせちを予約販売（2015年9月30日〜12月25日）しました。これに付属してきた品です。本件についての記事では、「スーパーマリオブラザーズからスーパーマリオメーカーまで、シリーズ16タイトルをデザインしたオリジナルカードが付属」との記載で、カードの正式名称は不明です。

FCカセットを模して作られており、手に取ると嬉しくなる一品です。

SFC
[ドラゴンクエストタクト 懐かしのパッケージ風ノベルティセット]

●スクウェア・エニックス

『ドラゴンクエストタクト』のグッズで、SFCの箱風になっています。「抽選で1,000名様！懐かしのパッケージ風ノベルティセットが当たるフォロー＆リツイートキャンペーン」（2020年6月16日ごろ開始、6月22日まで）で、1000名にプレゼントされました。

『ドラゴンクエストタクト』公式Twitterアカウント（@DQ_TACT）をフォローして、期間中に対象のツイートをリツイートすると応募できるというものでした。

ファミコン通信カートリッジの世界 追補版

筆者は、FC用の通信カートリッジを集めることをライフワークとしております。前巻ではページ数の都合で簡略化した部分が多々ありましたので、それらを補うかたちで色々と紹介します。

FC用通信カートリッジは極めてレアですが、誰も欲しがらないので、コアなコレクターですら「なにそれ？」と反応するような、非常にマイナーなシロモノです。世の中でFCの人気が盛り上がっている時でも、これらだけは全く注目されません。でもれっきとしたFC用ソフトです。しかも「これが世界で最後の1つかもしれない」とか、そういうレベルの希少なFC用ソフトです。

この本で載せなかったら、どこにも載らない気がしますので、これらの紹介について、筆者は一人で勝手に使命感すら感じています。少々お付き合いください。

🅕🅒 ［TV-NET］

FC用の通信カートリッジは、当時3つの方式が存在しました。「FAM-NET」と「野村・任天堂方式」と「マイクロコア方式」です（詳しくは前巻参照）。これらのうちマイクロコア方式の通信カートリッジの正式名称が「TV-NET」です。

謎のビキニアーマーなお姉さんが印象的なガイドマニュアル。

ガイドマニュアルよりもより詳しい説明書もあります。こちらは普通のお姉さんが解説してくれます。「このカートリッジは、TVゲーム機にとりつけるだけで、簡単にネットワーク情報サービスを受けられます」とのこと。また、

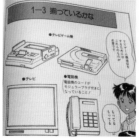

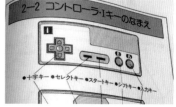
説明書には、ファミコンやコントローラーのイラストが登場します。しかしあくまで「TVゲーム機」で通し、ファミコンという言葉を使いません。

FC
[TV-NET2]

TV-NETには2があります。これも極めてレアなのですが、誰も欲しがらないので市場で認知されておらず、たまに奇跡的にハードオフなどのジャンクコーナーに転がっていることがありますが、見た目がPCエンジン本体に似ているので、FCソフトと思われずにスルーされがちです。

FC
[TV-NETプリンタ MCP-24]

TV-NETで証券取引等を行う際、その情報を印刷するためのプリンター。FC唯一のプリンターです。外箱はただのダンボールなので、ほとんどの場合、廃棄されると思います。「もしかしたらこれが日本で最後の1つかもしれない…」とか思ってしまいます。

このプリンタの写真を見て喜ぶ人が世界に何人いるのか、はなはだ心もとないですが、この本に載せなかったらもう二度とこのプリンターの写真が商業誌に載ることは無いだろうと思いますので載せておきます。

説明書です。TV-NETシリーズでおなじみのビキニアーマーなお姉さんが登場します。

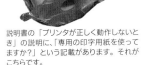

説明書の「プリンタが正しく動作しないとき」の説明に、「専用の印字用紙を使ってますか?」という記載があります。それがこちらです。

FC
[FAM-NET]

『山一のサンライン』で使用されたアダプタ。

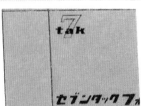

説明書に「このインターフェースアダプタは付属の両面テープでプリンタの横に貼ってね」という記載があります。この両面テープはおそらくただの汎用品ですが、これを書籍で紹介する機会は最初で最後だと思いますので、掲載しておきます。

FC
［FAM-NET2］
山一証券の『サンライン F-Ⅱ』で
使用されたアダプタ。

ファミコントレード関連グッズ

協力：BAD君

FC
［テレホンカード］

通信アダプタ＆通信カートリッジによる証券取引は、ファミコントレード
としてそれなりに運用されていたようで、関連グッズも存在します。こちら
はファミコントレード関連のテレホンカード各種。右端の1枚は筆者所有の
別バージョン。

FC
［ポケットティッシュ］

金融機関がらみのものな
ので、ティッシュぐらい配
っててもおかしくないです
ね。ただ、普通は捨ててし
まいますので、現存数はわ
ずかだろうと思われます。

協力：BAD君

FC
［パッケージ］

通信アダプタが入っていた箱には、各金融機関等の
シールが貼られています。筆者は、こういうのもつい
つい揃えたくなってしまいます。

FC
［ファミコントレード純金製メダル］

メダルに「祝 ファミコントレード」
「1987.11．2 贈 任天堂」と刻印されて
います。1987年はファミコントレード
のモニターが開始された年。情報が全く
ないので刻印から察するしかないのです
が、おそらくは、その記念品として関係
者などに配布されたものではないかと推
測します。超極レアであることに加えて、
純金製なので、金としての資産価値も無
視できないものがあります。

●ファミコン通信カートリッジ一覧 更新版

前巻から少し追加があったので、更新版を掲載します。表中の黄色で示した箇所が、更新部分となります。

●野村・任天堂方式

FCN000-05 ファミコンアンサー	
FCN000-05 ファミコンアンサー（デモ用）	「デモ用」の印字あり
FCN000-08 スーパーマリオクラブ実験版（青）	
FCN000-09 スーパーマリオクラブ（赤）	
FCN001-01 野村のファミコントレード（黒）	
FCN001-03 野村のファミコントレード（青）	
FCN001-05 野村のファミコントレード（オレンジ）	
FCN002-01 山種のファミコントレード	
FCN003-01 コスモのファミコントレード	
FCN003-03 コスモのファミコントレード	
FCN004-01 和光のファミコントレード	
FCN004-03 和光のファミコントレード	
FCN005-01 岡三のファミコントレード	
FCN006-01 新日本のファミコントレード	
FCN006-03 新日本のファミコントレード	
FCN007-01 勧業角丸のファミコントレード	
FCN008-01 第一のファミコントレード	
FCN009-01 三洋のファミコンパスポート	
FCN010-01 FSS インストラクターカード	筆者未所持
FCN011-01 三和のパーソナルバンキング　ペガサス	
FCN014-01 ハートの便利くんミニ	
FCN017-01 近畿銀行タスカルミニ	
FCN019-01 ダイワ マイスタックミニ	
FCN026-01 通信将棋倶楽部	
FCN027-02 JRA-PAT	FCN027-01は未確認
FCN027-03 JRA-PAT	
FCN027-04 JRA-PAT	
FCN027-05 JRA-PAT	
FCN027-06 JRA-PAT	
FCN030-01 PIT	
FCN030-02 PIT	
FCN030-03 PIT	
FCN050-03 住友ホームライン	

●マイクロコア方式

大和のマイトレード	ポパイ絵柄・吹き出し黄色
大和のマイトレード	ポパイ絵柄・吹き出しピンク色
大和のマイトレード	ポパイ絵柄なし
ビスト V1.0	V2.0は未確認
ビスト V3.0	
ユニバーサルのマイトレード	アトム絵柄・背景水色
ユニバーサルのマイトレード	アトム絵柄・背景ピンク（筆者未所持）
日興のホームトレードワン	
山一證券 サンラインF-Ⅲ	
センチュリー証券	
東京証券	筆者未所持
JRA-PAT	バージョン違い多数

FC

［『コスモのファミコントレード』のバージョン違い］

通信カートリッジの中でもレアな部類に入るコスモ証券の通信カートリッジ。FCっぽくない箱絵が魅力的な一品ですが、なんとこれの型番違いがありました。まだまだ色々出てくるものなのですね。

サンプルカセットの世界

サンプルカセットとは、開発途中版のカセット、店頭等でのデモ用のカセット、関係者にサンプルとして配布されたカセットなどのことです。これらは基本的には市場には出てこないものなので、入手は極めて困難です。加えて、以下の理由により、コレクター的にはいばらの道と言える領域です。

理由①…見た目がしょぼい

ほとんどの場合ラベルなし、もしくは手作り感のある粗いラベルがおざなりに貼られている程度で、箱や説明書は当然ありません。ものによっては、基板むき出し状態のものもあります。

理由②…内容がしょぼい

市販される前の段階のソフトなので、ゲームとしては途中までしか遊べないことが多いです。もしくは逆に、市販版と全く同内容であることもあります。

理由③…保存状態が悪いことが多い

サンプルカセットは通常であれば廃棄されるべきシロモノですので、市場に出てくるとしたら「ジャンク品の山の中から発掘された」「捨て忘れていた」みたいなケースが多いです。そのため、保管状態が悪いです。ホコリまみれ、傷みまみれであることが多いです。

理由④…データが消えたらただの板

サンプルカセットはデータにこそ価値がありま

す。しかしながら、保管状態が悪いので、基板が壊れてデータが消えてしまうリスクがあります。もしデータが消えてしまったら、ただの板です。

理由⑤…相場が読みにくい

前述のような理由から、中古品としてはリスクが高く、明確な市場価格が付けづらいです。ただ、ヤフオクなどに出品された場合、欲しい人が二人いれば値段は青天井で上がりがちです。一方、高値で売れるとも限りません。中古品としてはリスクが高い品ですし、偽物のリスクもあります。「高値で売ります」と言われても、素直に「はい買います」とはなりにくいシロモノです。

以上のように、コレクター的にはハイリスクで極めて扱いが難しいシロモノです。

しかしながら、実際にゲームをプレイしてみて中身を検証することで、思わぬ発見が得られることがあります。そこに至るまでの大変さ等も含め、唯一無二の体験と言えるでしょう。

筆者はゲームの開発に携わったこともない、ただの門外漢の素人ですので、理解が及ばない点も多々あるかと思われます。そんな拙いご紹介ではありますが、FCの奥深い世界を感じ取っていただけたら幸いです。

FCの未発売ソフト

「開発を進めたものの残念ながら市販には至らなかったゲーム」のサンプルカセットもあります。そういったものは、「発売されなかったソフト」ということで、コレクターの世界では「未発売ソフト」と呼ばれ、珍重されています。

例えば『早指し二段森田将棋2』は、FC版が発売中止になった作品です。そのFC版のサン

プルカセットが1本だけ、ファミコン通信の誌上のオークションで放出されたことは、コレクターの世界では有名な話です。

FCでは、他にもいくつかの未発売ソフトのサンプルが発見されております。今回は、筆者がたまたま手に入れた未発売ソフトを見ていきましょう。

FC
[ラブクエスト／ジャン狂]

FCの未発売ソフトの中で比較的有名なのが、『ラブクエスト』と『ジャン狂』です。『ラブクエスト』は、徳間書店インターメディアからSFCで発売されたタイトルですが、実はFC版がほぼ出来上がっていました。

『ジャン狂』は、1984年に任天堂から発売されたFC『4人打ち麻雀』の開発途中のサンプルカセットです。移植元はハドソンがパソコン向けに出していた『ジャン狂』で、開発途中のサンプルカセットでは、タイトル画面が「ジャン狂」になっています。

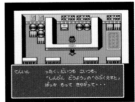

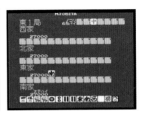

FC
[バカラ]
●ポニーキャニオン

FCの未発売ソフト『バカラ』です。筆者は、サンプルカセットまとめ売りの中から発見しました。見ての通り古びたカセットに、ラベル代わりの手書きの紙がセロテープで貼られています。この状態の悪さこそが、サンプルカセットの味と言えるでしょう（実際に開発された方々からしたら「あほか」という感じかもしれませんが）。

その名の通り、FCでトランプの「バカラ」を遊ぶゲームです。「え？ファミコンでバカラ？」って思った方、大正解です。プレイヤーの介在する余地がほぼ存在しないギャンブルゲームなだけに、一人でプレイしてもまったく面白くありませんでした。

当時のゲーム雑誌で、発売予定として紹介されていましたが、発売中止となっています。

ゲーム進行中、プレイヤーがやることはほとんどありません。たまに進行のためにボタンを押すのみです。カードをめくる際に、カードを曲げて、じわじわとひっくり返す感じで動きます。

FC
コナミの算数教室
コナミ理科教室

●コナミ

　当時、ゲーム雑誌に名前すら出ることがなかったと思われる未発売ソフトです。はっきりした情報が得られていないため、以下その前提でお読みください。

　2022年、ヤフオクにこれらのタイトルを称した2枚の基板とケースと付属テキストがまとめて出品されました。出品者のコメントによれば「MSX用として譲り受けたものだが、基板の形状からFC用のものではないかと推測」「動作確認はしていない」とのこと。お値段30万円。筆者はこれを、博打のつもりで購入しました。1回30万円のFC基板ガチャです。そして届いた基板をFC本体で試したところ、最初は動きませんでした。しかし、抜き差しして試行錯誤すること半日、無事に起動。

　ゲーム内容はアクションパズル的なもの。ゲームを進めると算数や理科の問題が出てきて、テキストを見ながら問題を解いて、またゲームに戻るという流れ。BGMが軽快で耳に心地よく、FC時代のコナミの雰囲気があると（筆者は）感じました。

　まったく聞いたことのないタイトルでしたが、1985年11月18日付の日経産業新聞に「コナミ来春に、CAI用ソフトに進出－まず小学生の自習用」という見出しの記事があり、その記事に以下の記載がありました。

・「コナミ工業は来春にも、CAI（コンピュータを使った教育）用ソフト分野に進出する」

・「その第一弾として小学生を対象にしたパッケージソフトを販売する計画」

・「まず、小学生の算数、理科の自習用のソフトと、小学生向けのやさしい英語ソフト」

　この『コナミの算数教室』『コナミ理科教室』が、前述の記事に記載されていたCAI用ソフトである可能性は、極めて高いと考えています。こういう未知のソフトを発掘する幸運に巡り合うことがあるのも、サンプルカセット探索の魅力だと思います。

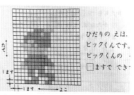

無地の白いケースに、基板とテキストがセットで収まるようになっています。付属のテキストはしっかりと作られており、奥付にコナミ工業株式会社の記載がありました。また、コナミのゲームキャラが使われているところもありました。

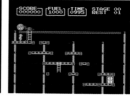

SFCの未発売ソフト

SFC
［ラインディフェンス］

●VISIT 協力：SheNa

SFCの未発売ソフト『ラインディフェンス』のサンプルカセットです。

起動するとオープニングデモが流れます。女の子が可愛いです。タイトル画面には「VISIT 1995」という表記があります。当時の資料を見ても、VISITから発売予定であったことが伺えます。

ジャンルとしては、1画面固定型のパズルゲームと言えるかと思います。自機は縦長のジェムで、支柱らしきものを支点に、時計みたいにくりんくりん回っています。そして、隣の支柱に接した瞬間にボタンを押すと乗り移れます。これで移動して、ゴールを目指すという内容です。ただし、途中ところどころに障害物っぽいものがあって、コレにぶつかると死にます（ジェムが割れる）。また時間制限があり、砂時計の砂が全部下に落ちてもゲームオーバー。さらにステージが進むと敵も出ます。

隣の支柱に乗り移るとき、ボタンの判定がシビアでけっこう難しいです。筆者はアクションゲームが下手なので、プレイ中とにかく死にまくりました。感覚としては、FC『ヒットラーの復活』のワイヤーアクションに近い印象を受けました。

そんなゲームですが、中毒性は高いと思いました。タイミングがシビアですが、ムキになってプレイしたくなります。操作感が妙にクセになり、筆者はプレイで熱くなって指が痛くなりました。

ゲームスタート時の画面。ウサギや時計が描かれていて不思議の国のアリスを思わせますが、説明書などはないため関係性は不明です。

ゲームオーバー時にはパスワードが出て、コンティニューできます。

SFC
［Jリーグサッカー オーレ！サポーターズ］
● テクモ

テクモから発売予定だったと思われるSFC未発売ソフト『Jリーグサッカー オーレ！サポーターズ』。当時のチラシによれば、1995年12月発売予定だったようです。タイトルからして当然のことですが、サッカーゲームです。筆者はサッカーについては無知なため不安がありますが、以下、本ソフトについて簡単にご紹介させていただきます。

感想として、グラフィックはSFCとしてはかなりクオリティが高いと思いました。音楽もいいです。オープニングは、もしSFC現役当時に見ていたら、気に入って繰り返し流していただろうという出来です。

また遊んでみた感触としては、ほぼ完成しているように思えました。これだけ作ってもお蔵入りしたというのは、もったいない気もします。1995年というと、もうPSのサッカーゲームも出ていた頃なので、発売は厳しいという判断があったのかもしれません（筆者の勝手な推測ですが）。

ラベルのタイトルは「テクモJサッカー」となっている。

チラシでは、95年12月発売予定とされていた。

起動するとオープニングデモが始まります。BGMがキレキレで、かっこいいオープニングだと思いました。

複数のモードやオマケが用意されており、ゲーム開始時の画面には、「クラブデータ」「オプション」「シーズン」「オールスター」「プレシーズン」とメニューが並んでいます。

全14クラブでリーグ戦を戦い抜くモードです。

クラブデータから選手一人ひとりのデータが見られます。選手一人一人にちゃんと顔グラフィックがあります。このグラフィックも、クオリティ高いと思いました。

エディットモードもありました。ゲーム内で使われる小さいキャラの顔を変えられるようです。

ゲーム画面です。遊んでみた感じでは、丁寧に作られているように思われました。

開発途中版

FC

［東方見文録］

●ナツメ

　FC『東方見文録』は大好きなソフトの１つです。サンプルカセットはかなり昔に入手していたのですが、タイトル画面に市販版との大きな相違が無かったため、長年放置していました。しかし最近になってプレイしてみたところ、市販版との違いが出るわ出るわ。

　サンプルカセットのほうが過激な内容で、「東方見文録って奇天烈なゲームだと思ってたけれど、アレでもかなりおさえて販売したんだなぁ…」と察せられました。

相違点①…言葉が全体的に過激

　「ドブス」「ドチビ」「クソジジイ」等、ののしる言葉がオブラートに包まれていません。またゲームオーバー時の画面も、市販版では「ハズレ」の文字で埋められていますが、サンプル版だと「アホ」になっています。

相違点②…規制されていない

　第３章に出てくる木と一体化している女性や、第４章と第５章のお風呂シーンで、女性の胸が露わになっています（当然ですが、市販版だと、隠されています）。

　また、「ケンタッキー」「バルサン」等の固有名詞が、そのまま出ていました。（市販版では別の名称に差し替えられています）

相違点③…表現がマイルドになってない

　第２章において、主人公達の荷物を飲み込んでしまった老人から荷物を取り返すために、老人にタマネギを与えて涙をドバダバ出させて、荷物を排出させるシーンがありました。プレイした当時、「涙で排出？なんで？」と違和感があったのですが、サンプル版では、「タマネギ」ではなく「カンチョー」を老人に喰らわせて、老人が吐き戻していました。市販版では表現を差し替えたのも理解できます。

　また第２章で、市販版では食中毒で死んだことになっている王様が、サンプル版ではアヘンで死んでいました。シャレになりませんね。

　また筆者が一番驚いたのが、第５章の主人公ブンロクの友人のマルコが、ゼロ戦に撃たれて死ぬシーンです。マルコの頭が砲撃で飛び散るというスプラッタな画像がそのまま出ています。

　この「マルコの頭が砲撃で飛び散る画像」自体は、かなり昔にデータ解析によって発見されていていました。「没データだろうか？」となかば都市伝説のような扱いが続いていたのです。それがサンプルカセットでは本当に使われており、伝説を目の当たりにしたような衝撃を受けました。

「ドブス」「ドチビ」といった汚い言葉や、「ケンタッキー」のような社名・製品名がそのまま使われています。

ゲームオーバー画面は「アホ」の文字で埋められてました。製品版では「ハズレ」になっています。

「アヘン」など、問題になりそうなシーン。そして伝説のマルコ死亡シーン。

⒡⒞ [ロックマン3]

●カプコン

カプコンのサンプルカセットはどれもそれなりに入手困難と思われますが、SFC『ストリートファイターⅡ』だけは比較的よく見かける上、内容も市販版と同じため安く入手可能となっています。

筆者はたまたまFC『ロックマン3』のサンプルカセットを2種類手に入れることができました。

両方に共通しているのは、「タイトル画面のメニューにパスワードが無い」「敵を倒しても回復アイテムを落とさない」という点でした。回復アイテムを落とさないのは、筆者のようなアクション下手にとってはけっこう厳しいところです。

これらの2つのサンプルカセットは、おそらく開発の進捗度合いが異なるものだと思われます。片方のカセットは、敵選択画面ですべて「？」になっていて、まさに開発途中版という感じでした。さらにステージボスまで進むと「？」マークがボスキャラっぽく登場してきて、戦闘せずにクリアとなってしまいました。

カプコンのサンプルカセットは、上部にカプコンのシールが貼られていることが多いようです（そうでないものもあります）。

前期と思われるサンプルより。この他、市販版と敵配置が違う部分もあり、確認作業が楽しかったです。

前期と思われるサンプルでは、副題が「Dr.ワイリーの最後」になっています。おそらく「最期」の誤植でしょう。

筆者が持っているSFC『ロックマンX』のサンプルカセットも、こういう画面でした。ステージ開始時、ボスがかっこよく登場するシーンですが、サンプル版だと背景に「now making」と表示。この「now making」の文字もちゃんとかっこよく動いて登場し、開発途中版なのに凝った演出で感心しました。

店頭デモ用

店頭デモ用として制作されたカセット。ここで紹介する2本はいわゆるオートデモで、一切操作できません。ただ起動して流すだけとなっています。

FC
[元祖!西遊記 スーパーモンキー大冒険 店頭 デモンストレーション用オートROM]

●バップ

起動してしばらく放置すると勝手にデモプレイが始まります。有名な「ながいたびが はじまる‥」は出ません。スタート地点が市販版と異なるようです。

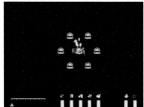

FC
[スパイvsスパイ オートデモ]

●ケムコ

こちらも操作できず、デモプレイが流れるだけです。ただ、タイトル画面が市販版と異なり、ヘッケルとジャッケルがアップになっていて非常に見栄えがします。

また市販版のデモプレイはBGMが無いのですが、こちらのデモはBGMがずっと流れています。

▶▶コナミのサンプルカセット

コナミのサンプルカセットは統一感があり、集め甲斐があります。別タイプのものや、白い箱に入ったものもありました。

また、発売予告が入っているものが多いのも特徴と言えます。FC『がんばれゴエモン2』のサンプルでは、ゴエモンとエビス丸の掛け合いが見られました。

じゃりン子チエ

ツインビー3

魂斗羅

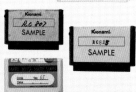

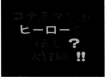

コナミワイワイワールド

がんばれゴエモン2

パワーアップ・無敵版

FC
［忍者ハットリくん］
●ハドソン

　サンプルカセットの中には、プレイしやすいように改変されているものもありました。この『忍者ハットリくん』は、最初からすべての術が揃っています。

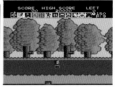

FC
［火の鳥 鳳凰編 我王の冒険］
●コナミ

　ラベルに「無敵」とある通り、無敵状態で遊べます。筆者はこのラベルを見たとき、スターを取ったスーパーマリオみたいなものを期待したのですが、敵の当たり判定が無く（と思われます）、主人公の我王が敵をすり抜けられるという仕様でした。

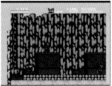

非売品ソフトのサンプルカセット

SFC
［鮫亀マリオバージョン 編集部対抗用カセット］
●ハドソン

　こちらは非売品ソフトのサンプルカセットです。内容は非売品の『鮫亀マリオバージョン』と同じでした。カセットを開けて中の基板を見た感じでは、正規のもののように見えます。ラベルに「11/14発表会用」「編集部対抗用カセット」と記載されており、ゲーム雑誌関連のゲーム大会で使われたのかもしれませんね。

上がサンプル。下は通常の（?）非売品。

▶▶「鬼太郎ガチャ」とは？

　FC『ゲゲゲの鬼太郎 妖怪大魔境』には、サンプル版が存在します。しかし、見た目は市販のカセットに「サンプル」というスタンプが押してあるだけで、これが消えてしまうと市販品と見分けがつきません。よってサンプル版かどうか確かめるには起動する必要があります。タイトル画面に「M1」という表記が無ければサンプル版。またサンプル版は、フィールドのBGMが異なり、簡素なものになっています。

　著者から見てコレクターの先輩にあたるベラボー氏は、この鬼太郎のサンプル版を探すために、大量の『ゲゲゲの鬼太郎』カセットを起動して確かめま

した。その数約200本。これが「鬼太郎ガチャ」と呼ばれるようになりました。この挑戦は不発に終わりましたが、コレクターの意気込みが感じられるエピソードだと思います。

色々なサンプルカセット

ここまで紹介してきたもの以外にも、色々なサンプルカセットがあります。市販版と違いがあるものを中心に、まとめて見ていきましょう。

『スーパーマン』『頭脳戦艦ガル』『カケフくんのジャンプ天国』『リップルアイランド』。これらのサンプルは、市販版とタイトル画面が異なります。

『頭脳戦艦ガル』『リップルアイランド』では、タイトル画面以外でも違いがありました。また、『月風魔伝』のサンプルでも市販版との差が見つかりました。

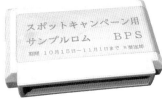

SPOT

アルゴスの戦士

奇々怪界

NESのサンプルカセット

NES

[MIKE DITKA'S BIG PLAY FOOTBALL]

NESの未発売ソフト『MIKE DITKA'S BIG PLAY FOOTBALL』。国内のファミコンでは、ポニーキャニオンから『クォーターバックスクランブル』として発売。

　海外にもサンプルカセットはあります。むしろ海外のほうが熱心に収集・調査しているように思えます。その中には未発売ソフトのものもあります。先日、NES版の『Battlefields of Napoleon』が $28,877で落札され、コレクター界隈でちょっとした話題になりました。日本では『ナポレオン戦記』として普通に発売されたタイトルです。資料等も揃っていたことから高額になったのではないかと思われます。

　筆者も、1つだけNESの未発売ソフトを所持しております。それがこの『MIKE DITKA'S BIG PLAY FOOTBALL』です。2015年に秋葉原のレトロゲームショップで、ジャンク品扱いのNESサンプルカセットを4本まとめて購入。その中に紛れておりました。正直、筆者も、他の方に教えていただくまでは、これが未発売ソフトだと気付いておりませんでした。

　日本では『クォーターバックスクランブル』として発売されたソフト。NESではMike Ditkaの名前を冠して販売しようとしたものの、発売中止になったようです。

　ちなみにこのソフト、2008年のAge of Gamers Expoで、何故かNGD（NationalGameDepot）から250本が限定販売されました。どうやら、NGDがこのゲームのプロトタイプのROMを入手し、独自に復刻（？）したようです。

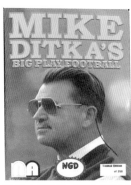

NGDによる復刻版。通常は「NINTENDO」と書かれているあたりが「RetroZone」となっており、非公式っぽい雰囲気を醸し出しています。ただ、250本の限定販売なので、これはこれで十分にレアなソフトと言えるでしょう。

NGDが復刻した『Mike ditka's big play footbal』には、カードが同封されていました。「If you find a Mike Ditka card in your game pack you have been randomly selected to receive a free special edition version of the game. Contact NGD to claim your prize.」という記載があるのですが、まさか当たりカードの場合に何かもらえたのでしょうか？　「まだほかにもあるのか!?」と、コレクター的には不安です。

ファミコンショップシール大研究
寄稿：オロチ
カセット裏面のあのシール

ファミコンカセットをひっくり返すと、純正の裏ラベルの代わりにファミコンショップの独自ラベルが貼られていることがある。これがいわゆる「ファミコンショップシール」だ。

かつて、そのような状態のカセットは「純正ラベルではない」とされ、ジャンク扱いとなったり福袋へ回されたりしてきた。

1983年7月15日の誕生以来、ファミコンの魅力や歴史や文化的側面については、あらゆる視点から語り尽されてきたものの、ファミコンショップについては体系的な調査研究がほとんどされてこなかった。そしてファミコンショップ自体がほとんど消滅してしまった昨今では、当時の文化を伝える貴重な資料として、むしろショップシールの存在は見直されつつあるのだ。

ここでは、ファミコン及びスーパーファミコンを対象とし、それらのハードが稼働した1983年から2000年に発行され、それらのソフトを販売した実績のある実在の店舗が貼り付けたものを「ファミコンショップシール」としている。

もともとは汚損を隠すため？

ファミコン全盛期。当時活況を呈していたゲームソフトの中古販売において、裏ラベル等に落書き、破れ、汚れがあるものは価値が下がった。そこで、ファミコンショップが独自の裏ラベルを貼って販売するようになったのがショップシールの始まりとされる。やがて、買取査定アップや3ヶ月保証などを宣伝文句をつけるようになり、様々なバリエーションを生み出していった。

ファミコンショップシールは大きく分けてシール型とラベル型に分類できる。比較的小さいシール型には店名のみ、あるいは管理番号が記載されているものが多い。また玩具店系シールなどもここに含まれる。

ラベル型には大きく分けて純正サイズとフルサイズがあり、中にはコナミサイズなど特殊な大きさのものも存在する。それ意外にもケース型、値札型、店印型などのカテゴリーが存在する。

▶▶ 個性的なマスコットキャラクター

ファミコンショップには、さまざまなマスコットキャラクターが存在した。なかでも子どもたちに人気のモンスターであるドラゴンはファミコンランド、ブルート、わんぱくこぞうなど大手ショップをはじめとする多くの店舗でメインキャラクターや脇役キャラクターとして採用された。

その次に多かったのが、ファミコンハウスが採用したタリオくんなど、スーパーマリオをモチーフにしたキャラクター。なかにはマリオがそのままの姿で描かれるパターンもあった。

こうしたショップのキャラクターには、マックライオンなど近年になって復活したものも存在する。

[カメレオンクラブ]

1986年、株式会社上昇がリサイクルショップ「ぼっくり屋」のインストアとして「カメレオンクラブ」を開業。1988年11月に山口県旧徳山市に1号店を構え、全盛期には全国150店舗を展開した大手チェーン。その独自ラベルはシンプルなデザインのフルサイズであり、数あるショップシールの中でも特にエンカウント率が高い部類。カセットについてのお願いの文章はほぼ純正ラベルに準拠している。

渦巻きバージョン、キャラバージョン、文字バージョンがあり、
キャラバージョンはさらに2種に別れる。

[ベイクリスタル]

北海道札幌市を中心にローカルチェーン展開していたNEWメディアSHOP「ベイクリスタル」。かつてカメレオンクラブのフランチャイズ加盟店だったため、ラベルデザインが酷似している。ちなみにベイクリスタルはのちにアルケミストと社名変更しゲームソフトメーカーへ転身した。

[TVチャンプ]

大分県を中心にローカルチェーン展開していた「TVチャンプ」は、かつて鹿児島や大阪にも進出していたファミコンショップである。カメレオンクラブのフランチャイズ加盟店だったため、ラベルデザインが酷似している。スーパーファミコンバージョンも存在する。

[ドキドキ冒険島]

有限会社ボックスグループが1989年10月に武蔵浦和に「ドキドキ冒険島」1号店を開業。チェーン展開すると2ヶ月で10店舗を突破。1992年3月には100店舗を突破し、全盛期は北海道から沖縄まで220店舗以上を展開した大手チェーン。レギュラーサイズは文字バージョンと絵柄バージョンがあり、フルサイズは絵柄バージョンのみ存在する。数あるショップシールのなかでも屈指のグラフィカルなデザインだ。

［わんぱくこぞう］

岡山県岡山市に本社を置く株式会社アクトが1988年4月、香川県高松市に１号店をオープンさせた「わんぱくこぞう」。1989年11月には早くもフランチャイズ50店舗を突破、全盛期には250店舗以上を展開した。同店が発行したショップ情報誌「ぱっくんぽっけ」は、2006年12月に廃刊されるまで12年も発行され続けた名物誌だった。

わんぱくこぞうのショップシールは小さなシールで初期は緑色の長方形。そこにOKの文字とマスコットキャラクターのジーラとゆう太が描かれ、その下は商品管理番号などの記入欄になっていた。後期は赤×白の丸形である。かつて筆者が２万5000本の中古ファミコンカセットを調査した結果、100本に１本の割合でこのシールが貼付されていることが判明。ファミコンショップシールのなかではダントツのエンカウント率を誇る存在であることがわかった。わんぱくこぞうにはSFC用ラベルも存在する。正規サイズよりやや幅が短く、玩具屋系シールに多いメタリックな銀の下地に黒文字で「高価買取」と記載されている。ラベル型はこのSFC用のものしか見つかっていない。

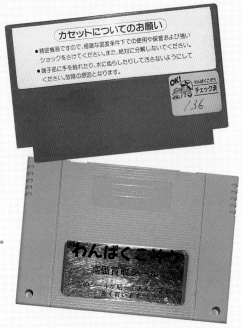

［ブルート］

1988年7月、広島市で誕生したファミコンショップ「ブルート」は、全盛期には全国で400店舗以上を展開した大手チェーンである。そのショップシールは丸型と流星型シールの２種類が確認されている。いずれも管理番号などは記載されていないのが特徴だ。

ブルートにはラベル型が３種類ほど発見されている。こちらは東京書籍の裏ラベルをトレースしてロゴだけ加えたもの。フランチャイズが独自に発行していたものだと考えられている。

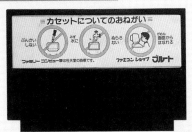

▶▶FCコントローラ界の大珍品

ブルートはファミコンショップとしては珍しくファミコンの周辺機器開発を行っており、1989年7月に「マルチコントローラー」を発売した。本品はファミコンとPCエンジン両方で使用できるという特徴を持っている。数機種に対応したコントローラー自体は珍しくはないが、本品はひとつのパッドからFC用とPCE用の２本のケーブルを出すという愚直な方法によってそれを実現していた。また、本品はFFマークが付いていることから任天堂の正式ライセンス商品だったが、ブルート店舗、及び、通信販売のみの流通だったため市場にはまったく出回っておらず、現在では大珍品となっている。

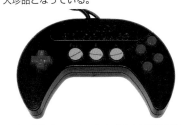

[ファミコンハウス]

　1985年に老舗写真館タカノフォートが「ファミコンハウス」祐天寺1号店をオープン。1986年からフランチャイズ展開を開始すると順調に店舗数を伸ばし、1988年には九州地区へ進出。令和4年現在でも九州地区に2店舗が営業中という数少ない現役ファミコンショップである。マスコットキャラクターはタカノの「タ」とマリオの「リオ」を合わせて「タリオくん」と名付けられている。そのショップシールはレギュラーサイズとコナミサイズがそれぞれ黒と白の計4種類。フルサイズは白のみ確認されている。

[ファミコンランド]

　株式会社あくとが1985年12月に愛知県一宮市に1号店をオープンさせて以来、最盛期には日本全国で150店舗以上を展開した大手チェーン。そのショップシールには非常に多くのバリエーションが存在する。中でもSFC用ドラゴンバージョンは、釣具のイシグログループがかつて静岡に5店舗ほど展開したフランチャイズ店舗が発行したもの。

[トップボーイ]

　1989年9月、神奈川県藤沢市に「トップボーイ」直営1号店を開業。やがて創業者の出身地である九州の福岡県福岡市東区香椎にフランチャイズ第1号店をオープンさせ、全盛期には全国で150店舗以上を展開した大手チェーンである。そのショップシールは『ドラクエ3』の勇者のようなキャラクター&ロゴが描かれた白文字タイプと、黒文字タイプの2種類がありそれぞれコナミサイズも存在する。なおSFC用は黒文字タイプのみが発見されている。

[ヒーロー]

　1991年頃から栃木、福島、茨城を中心に40店舗以上を展開したローカルチェーン。ファミコンショップシールのなかでは横綱級のエンカウント率を誇る。ヒーローバージョンのカラーバリエーションは紺、水色、緑、黄緑、紫の5種類が確認されている。最初期の「HIRO」バージョンは「ヒーロー」の英語つづりを間違えるという痛恨のミスが特徴的。3ヶ月保証を謳うこのデザインは「ヒーロー型」と呼ばれるショップシールの雛形のひとつとなり、多くのフォロワーを生んでいる。

[えっぐMAN]

　新潟県内において宝島から独立。石山本店を中心に12店舗以上を展開した北陸のローカルチェーン「えっぐMAN」のヒーロー型ショップシール。卵の怪獣のようなキャラクターが描かれ「6ヶ月保証」というファミコンショップ界では最長の保証を謳っていたのが特徴的。

[VISCO]

VISCOには東日本、西日本の二系統があり、東京都町田市に本社を置く株式会社ビスコは東日本を展開。一方、広島市を中心に展開したフランチャイズはビスコ西日本を展開した。ショップシールはラベル型とシール型があり、ラベル型のものはなぜか漏れなく印刷が滲んでいる。なお広島のVISCOはかつて1990年発行のファミコン通信にて「中古ゲーム販売の元祖」と紹介されたことがある。

[アスクチェーン]

1988年に創業した奈良県五條市のゲームソフト卸売業者。全盛期は全国3000店舗を展開したという記録が残っている（自称）。保証金、ノルマ、送料なしを謳っていた。そのショップシールには様々なバリエーションがあり、代表的なのは文字だらけのラベル型。なかでも交換レートが記載されたオレンジ色のシールタイプは必ずカセットの前面に貼られた珍品である。

[コスモ]

愛知県豊橋市の質屋しみずが運営したテレビゲーム専門店。FC用ラベルはコピー用紙のような紙質と目の覚めるような青い下地に、ハードメーカー各社のロゴが並記されているのが特徴的。独自のファミカセ交換サービスを展開し、カセットにはレートを示すキノコシールが貼られる場合もあった。

[ジョニー]

かつてマルタカトイズコーポレーションが経営し、東北地方を中心に展開したローカルチェーン。2009年に株式会社ジョニーとなってからは段階的にカードショップへシフトするも2014年に倒産。メタリックな銀の下地に某ヒゲのキャラクターが描かれた一枚。青年姿のマスコットキャラクターが存在する。

[ぱる]

かつて静岡の浅間通り商店街に本店を構えたファミコンショップ。そのラベル型ショップシールは、鮮やかなブルーの両柱が特徴的。ちなみに1998年9月に独立した焼津店はのちにゲームショップGXを創業。業界でもっとも早い時期にインターネット販売を本格的に開始した。そのネットショップがのちの「駿河屋」である。

▶▶ 玩具屋系シールの魅力

玩具屋系シールはファミコンのみならず、その店舗で扱っている商品すべてに貼られていた。古来より玩具の外箱というのは中身を守るだけの梱包材に過ぎず、当然、ファミコンソフトの外箱も同じように扱われた。玩具屋系シールがパッケージのタイトル部やキャラクターの顔の上に容赦なく貼られたのはそのためである。デザインに目を向けると金や銀などメタリックな下地に、店名と住所や電話番号が書いてあるだけのシンプルなものがほとんどで見所は少ない。そのような事情から玩具系シールは「貼られ方」が鑑賞ポイントのひとつとなっている。

滋賀県彦根市に存在したファミリーの御買上済シールは『4人打ち麻雀』のパッケージの正面から裏面にかけて大胆に貼られた一枚。間違いなくファミコンショップシール史上、最大級のサイズである。

ショップケースの世界

ショップケースとは中古の裸カセットを購入したときに付けられたファミコンショップ独自の化粧箱のことである。FC用とSFC用があり、カセットのみが入るスリーブタイプのものから、説明書なども同封できるデラックスタイプまで様々な種類が発見されている。

代表的なものとしてはブルートのショップケースが挙げられる。これは白を基調としたデザインで、前面にカセットのラベルが見える「のぞき窓」があり、背面にはマスコットキャラクターが描かれている。このようなカセットを横から滑り込ませるスリーブタイプには、両端の切れ込みを奥へ折り込むことでカセットがズレないように固定できる仕組みとなっていることが多い。

桃太郎の「赤」のSFC用ケース。このタイプにはロゴが漢字バージョンとローマ字バージョンがある。側面には店印を押せるようになっている。

カメレオンクラブの「緑×黄」スリーブタイプにはFC用とSFC用があり、FC用初期タイプの背面にはカメレオンが描かれている。画像はSFC用。

トップボーイの「青×黄」のFC用ケース。のぞき窓の形状にデザイン性が見られる。厚みのある箱タイプなので説明書が同封できる。

わんぱくこぞうの店頭で250円で販売されていたスーファミサイズのクリアケース。マスコットキャラクターの怪獣ジーラとゆう太くんが前面にデザインされているが、これらのイラストはビニール袋に印刷されておりケース自体は無地である。

ファミコンハウスのショップケースはFC用が黄×赤。SFC用が白×青。背面は初期任天堂のファミコンパッケージをオマージュしたデザインとなっている。

▶▶ショップ情報誌

わんぱくこぞうが発行したショップ情報誌「ぱっくんぽっけ」は1991年9月20日創刊。初期の頃は新聞のような体裁で全体的に編集部の内輪ネタが多いミニコミ誌のようなノリだったが、のちに冊子スタイルとなると内容も洗練されていった。全体的に馬頭ちーめいの漫画がフィーチャーされコミカルな雰囲気が特徴的。TVパニックが発行した情報誌「ファミかんプレス」は、1995年より「TVパニックプレス」と改題された。キム皇のコラムや他誌とのコラボ記事を載せるなど、ぱっくんぽっけとは真逆のメジャー志向だった。イラストコーナーが充実していたことでも知られる。基本的に無料で配布されたが商品を買った客にしか渡さない店舗もあった。

非公式ソフトの非売品

最近になって作られた非売品なファミコンカセットたち。前巻発売後にも、いろいろと登場しています。

FC
「秋田・男鹿ミステリー案内 凍える銀鈴花 サウンドトラックカセット」

● ハッピーミール　協力：GeeBee

　ハッピーミール社によるクラウドファンディング「荒井先生キャラデザのファミコン風ADVゲーム『偽りの黒真珠』第2弾をつくりたい！」の「実機で動くサントラロムカセット制作 10万円」コースのリターン品で、募集人数は10名でした。「専用ケース」「ROMカセット」「シリアルナンバー入り証明書」「ステッカーセット3種」のセットです。

　同社のファミコン風ゲーム第1作『偽りの黒真珠』は、FC『オホーツクに消ゆ』を彷彿とさせる雰囲気で、レトロゲーム好きの心に突き刺さる作品でした。その第2弾、しかも実機で動くカセットということで、コレクターにとっては非常に魅力的なリターン品でした。

クリスマスプレゼント風の包装で、リボンがかけられていました。

ケースは金属製で、キャラクターデザインの荒井清和氏のサイン入りです。

実機で動くファミコンカセットで、中身はサウンドトラック。このほか、カセット用のステッカー3種も同梱。

FC
「ちょうみりょうぱーてぃー金メッキ版カセット」

　こちらもクラウドファンディングで制作されたソフトです。楽天TV声優チャンネルなどで配信されているバラエティ番組「ちょうみりょうぱーてぃー」のファミコンゲーム化でクラウドファンティングが行われ、そのリターン品の1つとして製作されたものです。募集人数は30名でした。

FC

[限定版 バトルトード シルバーカートリッジ]

●コロンバスサークル

FCのアクションゲーム『バトルトード』をコロンバスサークルが復刻し、2021年に互換機用カセットとして発売。その発売時のキャンペーンにおいて、製品同梱のアンケートハガキで申し込んで当選した5名にプレゼントされたものです。

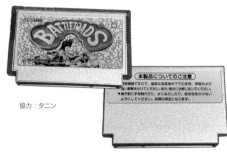

協力：タニン

FC

[キラキラスターナイト ふるさと納税 ふじみ野版]

『キラキラスターナイトDX』は、漫画家のRIKIさんが制作し、2016年にコロンバスサークルから発売されたFC互換機用ソフトです。FCとは思えないほどの綺麗なグラフィック、滑らかなアニメーション、錚々たるメンバーが作曲に参加したBGMなどが特徴で、現在でもまだ売れ続けているようです。

その特別版がこちらです。ふじみ野市へのふるさと納税を申請することで、返礼品としてもらうことができました。80本ほど制作されたようです。もちろん通常のFC本体で遊べます。

タイトル画面に「ふるさと納税 ふじみ野版」と表示されています。

カセット版のほか、CD版もあります。こちらは、CD-ROMにデータが収録されています。

FC

[初代キラキラスターナイトFCカセット 豪華セット]

こちらも、ふじみ野市のふるさと納税返礼品として出されたものです。メインのカセットは、初代『キラキラスターナイト』発売時に、関係者向けに24本作られたもののうち1本。これに関連製品や販促物を加え、納税額は100万円。限定1セットの超レア品で、2023年1月5日に受け付け開始し、即日完売となりました。キラスタファン垂涎の国宝級の一品です。

協力：レトルト

最近のFC・SFC非公式カセット

FCの人気は本当に根強く、時間がたてばたつほど、FCが好きな人たちが増えているような気すらします。そんな人気を反映してか、実機で遊べるFC互換機用ソフトが、いまだにどんどん発売されます。任天堂のライセンスを取得したものではないためあくまで互換機用ソフトですが、新しいゲームが作られ続けているわけです。

もはや筆者にも追い切れないぐらいの量になってきましたが、とりあえず筆者の手持ちのものを掲載します。

FC
[アストロ忍者マン]

FC
[アストロ忍者マンDX]

FC
[ハラディウス・ゼロ]

FC
[ベジタブレッツゴー]

FC
[エフシータ]

FC
[ハラタイラー]

FC
[うたかたシノプシス]

SFC
[ねこたこ]

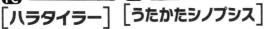

FC
[Gold Guardian Gun Girl]

FC
[ぽるんちゃんの
おにぎり大好き]

海外のFC・NES非公式カセット

　ファミコン用の新作カセットを作るという流れは、国内だけではないようです。海外で作られたものも見ていきましょう。

　海外のものだけあって、制作の経緯や意図などがよく分からない作品も多数出ています。NESの『リトルメデューサ』は、（たぶん）ゲーム内容にちなんで、石のようなカセットの特別版があります。本当に石のように重いです。

FC [KUBO1 & 2]

FC [ツインドラゴン]

FC [KUBO3]

FC [マイクロメイジス]

FC [リザード]

FC [NEBS' N DEBS]

FC [ア・ホール・ニューワールド]

NES [リトルメデューサ]

非公式カセットの海外移植版

国内で制作された非公式ファミコンソフトの一部は、海外向けにNES・SNES移植版も作られています。ファンアイテムという側面もあり、豪華なオマケ付きの特別版として出ることが多い印象です。

NES［Gold Guardian Gun Girl］

NES［ハラディウス］

SNES［ねこたこ］

NES［キラキラスターナイトDX］

NES［8BIT MUSIC POWERシリーズ］

▶▶NES版スーパーマルオ

こちらは最近のものではなく、非公認アダルトソフトとして有名な『スーパーマルオ』のNES版です。いつ誰が何の目的で移植し、NES版カセットにしたのか不明ですが、実物を手に取ってみた感じ、かなりよく出来ています。ケースも本格的な作りです。

しかもナンバリングされており、この記載を信じるのならば全部で75本作られたということになります。ちなみに、ゲーム中の女性のセリフもちゃんと英語になっています。

■■一点集中型コレクターの世界
ディープすぎるパチモノ編
寄稿：麟閣

FC、SFCなどが一世を風靡し多くのユーザーを魅了する中、その裏面として「パチモノ」と呼ばれるゲームソフトが存在しました。賛否はさておき、確かにその時代に存在していたというのは、まぎれもない事実です。筆者は、こういう事実もゲーム史の一面として残しておくべきと考えております。パチモノの世界において、コレクター黎明期の頃からずっと第一線を張り続けている麟閣氏に、パチモノのディープな世界をご紹介いただきました。（じろのすけ）

ひとクセあるコピーソフト

売れているものには、粗悪なものから精巧なものまでさまざまなコピー品が登場する。ゲームも例外ではなく、高額レアソフトのスーパーコピーなどは昨今問題となっているのでご存じの方も多いだろう。

ここではそういったスーパーコピーではなく、粗悪側に位置し、味があるものを紹介していこう。

・ディスクをカセットにしたもの

『プロレス』や『バレーボール』といったディスクシステムのタイトルが、ファミコンカセットになっているもの。ディスクシステムのゲームは簡単にコピーできるものの、高温多湿な東南アジアではほとんど流通しなかったこともあり、カセット化されたタイトルが多くみられる。国内ではディスクのみのタイトルも海外ではカセットで出ていることがあり、初期のものはNES版をカセットにコピーしただけのものだった。

しかし、業者の技術が進歩して、日本国内版をそのままカセットにコンバートすることに成功したものもある。近年では、ハッカーインターナショナル系のディスクタイトルをコンバートしたものも売られている。

・FCソフトをNESにコンバートしたもの

こちらは逆で、海外のNESユーザーに向けたパチモノである。香港では任天堂がオフィシャルにNES本体を出していたこともあり、FCカセットの数には及ばないが、NESカートリッジのコピーも存在する。ここで紹介するものはラベルに特色があるもの。よくある駄菓子屋テイストでヘタウマなイラストがあいまって何とも言えない味わいが出てきているものもある。ただのコピーと言ってしまえば終わりなのだが、ラベルがコピーではなく、いかにもパチモノの様相を呈していると楽しい。

ディスクシステムからのカセット化。この『バレーボール』は、NES版からの移植。

この『スーパーマリオ2』は、ディスク版をそのまま移植。「金牌マリオ」とも呼ばれている

NESのコピー。真っ赤なカートリッジは、当時としては新鮮だった。

NESのコピー。ゆるいイラストが味わい深い。

852本ダブりなしの「in 1」。技術の進歩を感じさせる。

ミニファミコンに収録された30作品を詰め込んだ「in 1」。コンセプト勝ち。

●麟閣のサイト…「麟閣頁」(http://rinkaku89.tabigeinin.com/)

・香港'97

　スーパーファミコンのマイコン用ROMイメージとして登場した『香港'97』。アングラソフトとして有名なこのタイトルが、実カセット化されて販売されていた。

　元々はフロッピーディスクで販売され、そのうちROMサイトからダウンロードできるようになってしまう。そしてROMイメージのコピーから実カセット化されるに至った。それにしてもこの内容を中国の業者が堂々と販売していたのは驚きである。

伝説のアングラソフト『香港'97』をカートリッジ化したもの。

ファミコン版『クロノトリガー』。タイトル画面とステータス画面くらいしか見どころは無い。

勝手な移植

　他の機種のソフトが勝手に移植され、カセットで販売されたもの。こうしたもので一番有名なのは、ファミコン版のストリートファイターシリーズだろう。出来が良いもの悪いもの全てひっくるめて「ファミコンでスト2が遊べる」という点がポイントなのである。

　勝手な移植ソフトには多種多様なもの無数に存在するが、特徴的なものをいくつか紹介していこう。移植と言っても、中身に過度な期待をしてはならない。

ゲームボーイ版『アンリミテッド：サガ』。全編中国語で、かなりの出来。

スーパーファミコン版『ソニック＆ナックルズ』。これぞパチモノという感じがある。

ポケモン関連のパチモノ

　『ポケモン』にも数多くのパチモノが存在する。基本的にはキャラクターのみの流用で、アクションゲームがほとんど。キャラクターを書き換えただけのハックロムが主流となっている。しかし「南晶科技」のものは、ゲームボーイ版を勝手に中国語に書き換え、それをファミコンに移植している。また「火星電子」のものは、ピカチュウの『鮫亀』や音楽ゲームなどバラエティに富んだ内容になっている。

ハックロムをゲームボーイのカートリッジにしたもの。

メガドライブ版『ピカチュウげんきでちゅう』。

メガドライブ版『ポケモンスタジアム』。

メガドライブのパチモノ

実はメガドラのソフトにはオリジナルのパチモノが多い。『スーパーマリオ』や『ポケモン』などの単なるコピー以外にも、夢のコラボを勝手に実現させた『鉄拳VSバーチャファイター』、クレヨンしんちゃんやドラえもんが出てくる『スーパーバブルボブル』、ハリーポッターやアバターなど映画をゲーム化したものなど、ファミコン以上にステキなタイトルが多くある。

これには理由があって、メガドライブはソフトのフォーマットがほぼ統一されていてカートリッジにしやすいのである。ファミコンカセットには「マッパー」と呼ばれる仕様の違いがあり、製造業者によっては「マッパー1しか作れない」などといった事情がある。in1に収録する際もマッパーを変えたり合わせたりする必要があり、以前の技術ではなかなか難しかった。スーパーファミコンは特殊チップが使われているもの以外はほとんど同じフォーマットで、そのためマジコンが普及した。ただし、カートリッジにするには原価がかかり、大量生産には向かなかったようだ。

これらに対して、メガドライブはフォーマットがほぼ同じで、カートリッジも原価が安く、中国やロシアさらには南米などに輸出できる強みもあった。実際に中国の業者に教えてもらったので、あながちウソではないと思う。ちなみにその業者はメガドライブのソフトを1本から作ってくれて、価格も1本10元（10年前のレートで140円ぐらい）から発注できた。

・メガドライブ版スーパーマリオ

メガドラ版の『スーパーマリオ』は、別のゲームをマリオに書き換えたものから忠実な移植まで何種類も存在している。一番流通しているものは『チップとデールの大作戦』を書き換えたもので、キャラクターがマリオやクッパになっていること以外に特筆するべき点はない。とはいえ、メガドラで『スーパーマリオ』が遊べることが大事なので問題はない。

メガドライブ『鉄拳VSバーチャファイター』。パチモノは何のためらいもなく夢のコラボを成し遂げてくれるのでアツい。

メガドライブ『スーパーバブルボブル』。クレヨンしんちゃんとドラえもんが選べるようになっており、オリジナルアレンジの妙味が出た逸品。

メガドライブ『アバター』。映画がヒットしたから出しました感が強いもの。

メガドライブ『ハリーポッター』。映画を題材にしたパチモノは、このほかにも多々ある。

メガドライブ『スーパーマリオ』。初代の忠実な移植。

メガドライブ『スーパーマリオワールド64』。ロシア語になっている。

エミュレータの影響

エミュレータのブームはROMイメージの違法ダウンロードがクローズアップされがちだが、パチモノに与えた影響も計り知れない。PS2で遊べるスーパーファミコンエミュレータは、「超級任天堂遊戯全集」としてディスクで販売されていたし、ドリームキャストで遊べるエミュレータも堂々と販売されていた。

ただ、実物のカセットを買わなくてもゲームができるようになってしまったのは事実で、ファミコンのin1などは市場から急激に減っていってしまった。

PSでスーパーファミコンが遊べるソフト。ROMイメージが容量限界まで入っている。

ドリームキャストでメガドラやマスターシステムを遊べるようにしたもの。

ハックロムをカセットにしたもの

ハックロムというのは、エミュレータで遊ぶために作られた変造データ。キャラクターを書き換えたり、マップを変更したりとさまざまなものが出ている。基本的にはネット上で拡散されるものだが、それが勝手に実カートリッジ化されて販売されていることも珍しくない。海賊版業者からしてみれば、わざわざ作る必要がなくコストが抑えられるということだろう。

ファミコンのハックロムでは、『神風マリオ』がカセット化され、『変態マリオ』として有名になっている。「in1」に収録されるだけでなく、単品でも販売されている。近年ではファミコンカセットよりもNESカートリッジのほうが低コストのようで、NES版にコンバートされたものも多く出ている。私がオープニングの音楽を書き換えた『ポアポアパニック』も、NESカートリッジになって中国のサイトで絶賛販売中だ。

ハックロムの『神風マリオ』。スーパーマリオのハックロムの中でも、屈指の知名度と難易度の高さで知られる。

こちらもハックロムをカセット化したもの。『スーパーマリオ 阪神タイガースジャビ狩り』。

筆者が書き換えたハックロムも、勝手にカセット化されて売られている。こうしてパチモノになってくれて、嬉しさ半分恐怖が半分。

フレンドコソピュータ

最後に、フレンドコソピュータのカセットについて紹介しておこう。パチモノに興味を持たれた方は、一度は目にしたことがあるであろうメーカー。ファミコンカセットの背面に「フレンドコソピュータ。は世界の商標です」と書かれており、一時はアジアのどこに行っても見つけられたが、最近では絶滅危惧種となっている。

このフレンドコソピュータは、どこかの業者がガワの金型を直接作ってしまったというもの。見様見まねの日本語であるためAIに書かせた異世界の言葉のようになってしまっている。見つけたら必ずGETするべし。

フレンドコンピュータのカセット。裏面の注意書きは、読めば読むほど不安になってくる。近年ではすっかり見かけなくなった。

GC

GCの非売品ソフト

ゲームキューブ（以下「GC」）の非売品ソフトはそんなに多くないように感じるかもしれません。しかしGC非売品の最深部には、あまり知られていないレアソフトが潜んでいて、それらを集めようとすると、かなり深い世界になります。前巻では、GCについては少ししか触れなかったので、未掲載だったものを中心にご紹介します。

GC
[遊戯王 フォルスバウンドキングダム 体験版]

●コナミ

Vジャンプ2002年10月号の誌上プレゼントで500本がプレゼントされました。…が、全然市場に出てきません。筆者が知る限り片手で数えられるぐらいの回数しか出てきていません。また遊戯王関連のレアソフトは、異様な高騰をすることがあります。

※協力：スペマRP

GC
[機動戦士ガンダム 戦士達の軌跡 角川連合企画版]

●バンダイ

前巻では写真無しで紹介しましたが、現物を入手できたので、改めて掲載。角川書店の連合企画で500名にプレゼントされたもので、応募には、連合企画が掲載されている雑誌だけではなく、市販版のゲームソフトに付属の応募券も必要でした。これはなかなか珍しい応募形態です。まず市販版を買ってからでないと応募できない仕組みだったのです。

GC
[パックマンvs.／パックマンvs. コロコロプレゼント版]

●ナムコ・任天堂

2003年のGC用ソフト『R：RACING EVOLUTION』に特典として同梱。さらに、2003年末までにクラブニンテンドーに登録すると、特典として配布されました。このほか、月刊コロコロコミックの懸賞でプレゼントされたバージョンがあります。

右がクラブニンテンドーのもの、左が月刊コロコロコミックの懸賞「パックマンVS 765プレゼント」で配布されたもの。ケースが違うだけですが、コロコロの方は極めてレアです。

協力：スペマRP

GC

［ニンテンドーゲームキューブ ソフトeカタログ 2003春］

●任天堂

2003年5月頃に実施されたキャンペーンで、対象ソフト（『RuneⅡ ～コルテンのカギの秘密』『ファミリースタジアム2003』『ポケモンボックス ルビー＆サファイア』）を購入するともらえました。

GC

［ニンテンドーゲームキューブ ソフトeカタログ 2003 エンジョイプラス版］

●任天堂

GC本体とゲームボーイプレーヤーをセットにした「エンジョイプラスパック」に、一時期同梱されていました。

協力：スペマRP

GC

［クラブニンテンドー オリジナルカタログ2004］

●任天堂

クラブニンテンドーのゴールド会員・プラチナ会員向けに配布されました。

GC

［ドルアーガの塔］

●ナムコ

GC『バテン・カイトス』の予約特典として『ドルアーガの塔』の復刻版が配布されました。パッケージがファミコンの『ドルアーガの塔』を模しています。大量に配布されたので入手しやすく、飾ると楽しい一品です。前巻で掲載済ですが、カートンダンボールも手に入ったのであわせて再掲載します。

GC

［機動戦士ガンダム 戦士達の軌跡 Special Disc］

●バンダイ

特別版のGC本体である「ニンテンドーゲームキューブ シャア専用BOX」に付属していたゲームソフトです。

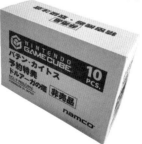

GC

［メタルギア スペシャルディスク］

●コナミ

特別版のGC本体とセットの『メタルギアソリッド ザ・ツインスネークス プレミアムパッケージ』に付属していたゲームソフトです。このセットには市販タイトルの『メタルギアソリッド ザ・ツインスネークス』も付属していますが、パッケージが市販のものと異なります（写真左が付属版、真ん中が市販版）。

協力：スペマRP

GCの体験版ソフト

GC
[SDガンダム ガシャポンウォーズ 体験版]

●バンダイ

東京ゲームショウで配布されたようです。よく見かけるので、ほかにも配布されたかもしれません。

GC
[Rune II ～コルテンの 鍵の秘密 体験版ディスク]

●フロムソフトウェア

ニンテンドードリームvol.90（2003年6月6日号）の付録でした。

協力：スペマRP

GC
[バテン・カイトス～終わらない翼と 失われた海～スペシャル体験ディスク]

●ナムコ

正確な配布経緯は不明ですが、ナムコのアンケートに答えたことがある人に郵送されるなどしていたようです。それなりの数が配布されているようです。

GC
[バイオハザード4 体験版]

●カプコン

「週刊ファミ通増刊（2004年10月29日増刊）ファミ通カプコン」の付録として付いてきたものと、『バイオハザード ダブルフィーチャー』に同梱されていたものとがあります。ソフト自体は同じです。

協力：スペマRP

GC
[ビーチスパイカーズ 体験版] ●セガ
[ジャイアントエッグ 体験版] ●セガ
[スーパーモンキーボール2 体験版] ●セガ
[レッスルマニアX8 体験版] ●ユークス

これらもいわゆる体験版なのですが、前述のものに比べると格段に見かけません。

GC
[バイオハザード0 -TRIAL EDITION-]

●カプコン

GC『バイオハザード0』の予約、もしくはGC『バイオハザード』の購入でもらえたようです。かなりよく見かけます。

協力：スペマRP

GC
[実演用サンプル]

「この商品は実演用サンプルとしてご使用ください。」のシールが貼られたソフトで、いわゆる「任天堂の実演用サンプルシール付きソフト」です。FC、SFC、GBなどにも存在しますが、GCのものは箱にシールが貼られているだけではなく、ソフトにしっかり「実演用サンプル」と印字されています。コレクター的には、別ソフト扱いで集めたくなります。

このほか、「バイオハザード ムービーデモディスク 実演用サンプル」というソフトも存在します。

協力：スペマRP

GC
[月刊任天堂店頭デモGC カレンダーカード]

●任天堂

GC本体のメモリーカードスロットにさして、月刊任天堂と組み合わせて使うもののようです。詳細はよく分かっておりません。

GC
[ミスタードリラー ドリルランド イベント用ディスク]

●ナムコ

「イベント用ディスク」と記載されたGC用非売品ソフトは、数タイトルが発見されております。前巻でもいくつか掲載しましたが、これは載せていませんでした。筆者のコレクターとしての経験上、かなりレアです。

※協力：スペマRP

GC
[バイオハザード 特別版]

●カプコン

この体験版は、極めてレアな上に、バイオハザード人気も相まって、市場ではかなりの高額で取引されております。

※協力：スペマRP

GC
[GC開発用ディスク／開発用ツール]

体験版とは少し違いますが、ついでに掲載します。GCも開発用ディスクがあり、たまにコレクター市場に流出してくることがあります。

『CodeWarrior for NINTENDO GAMECUBE』というものもあり、こちらはメトロワークスが制作したゲーム開発用ツールのようです。

協力：スペマRP

その他色々

GC
[『お遍路さん』3点セット]

●ピンチェンジ

　非売品ではないですが、ちょっと毛色の変わったものということで紹介します。GCで四国巡礼を体感できるソフト『お遍路さん〜発心の道場（阿波国）編〜』に、専用歩数計『印籠くん』と専用のボタンコントローラ『牡丹さん』を加えたセット品です。写真の通り、ダンボールに入っていました。このダンボール、普通は残っておらず貴重です。

　とはいえ、ボタンコントローラ「牡丹さん」もあまり見かけませんので、ダンボール抜きでも十分に貴重です。なお、これにPanasonic製のGC本体「Q」を加えた、スターティングセットというものがあるそうなのですが、現物を見たことがありません。

協力：スペマRP

GC
[GC用ネームプレート]

　GC本体の丸い部分に装着できるプレートです。写真は『マリオパーティ5』と『メダロット』のものですが、他にも多数存在します。意外と入手困難です。

　ナルト優勝記念メダルは、ゲーム大会で配られたもののようです。これもGC本体にプレートとして装着可能。

協力：スペマRP

▶▶ 細かいバージョン違い

　GCにもあります。細かいバージョン違い。GC『ルイージマンション』には、CDレーベル面がツルツルバージョンとザラザラバージョンがあります。

協力：スペマRP

GC
[スーパーマリオ オリジナルパズル（第2弾）]

　GCソフトのように見えますが、実はこれ、パズルなのです。すき屋が2005年に「スーパーマリオオリジナルパズルプレゼント」というキャンペーンを行い、お子様セットを注文すると、ゲームソフトパッケージ柄のパズルがもらえました。キャンペーンは第1弾（ファミコン『マリオブラザーズ』『スーパーマリオブラザーズ』『スーパーマリオブラザーズ3』）と第2弾（GC『マリオテニスGC』『マリオカートダブルダッシュ』『マリオパーティ6』）の2回に分けて行われたようです。

協力：スペマRP

GC
[ファンタシースター オンライン 1 & 2 ver1.1]

●セガ

　GC『ファンタシースターオンライン 1 & 2』に不具合があり、ソフトをセガに送るとver1.1がもらえたようです。

協力：スペマRP

一点集中型コレクターの世界
スクウェアグッズ編

協力：市長queen

『ファイナルファンタジー』などで知られる「スクウェア」（現スクウェア・エニックス）。そのスクウェアに関するグッズを30年以上にわたり収集している市長queenさん。そのコレクションはすさまじいものがあります。今回は、そのコレクションの一端を見せていただきました。

（じろのすけ）

［非売品カセットテープ
「植松伸夫 THE SELECTION 隠れて聴け!!」］

代々木にあったFFのオフィシャルショップが閉店する際、「F.F.OFICIAL SHOPさよならイベント」が開催され、その中でスクウェアクイズが行われました。こちらは、その優勝者に配布されたものです。イベントは3日間で、各日5回ずつ（12時、2時、3時、4時、5時）実施。計15名に配布されたと思われます。ファミコン初期のタイトル（キングスナイト、水晶の龍、ファイナルファンタジー等）の曲が収録されています。

［『ライブ・ア・ライブ』
小田急スタンプラリー認定証（1994年開催）］

小田急線全69駅のスタンプを5日かけて押し続け、スタンプ全制覇後新宿駅長から認定証を貰いました。

［『ファイナルファンタジー』
サンプルカセット］

なんと、『ファイナルファンタジー』の一作目（FC）のサンプルカセット。国宝級の逸品です。

［『ファイナルファンタジー』
モニター当選漏れ案内用紙］

［『ダイナマイ・トレーサー』
テレホンカード］

サテラビューの『ダイナマイ・トレーサー』放送期間中に、クリア時の得点とパスワードをハガキに書いて応募するキャンペーンがあり、市長queenさん自身が1位入賞して貰ったもの。

［『クロノ・トリガー』
「夜の森」リトグラフ］

「Vジャンプ緊急増刊クロノ・トリガー」の抽選で20名にプレゼントされたものです。かなり希少ですね。

［『魔界塔士Sa・Ga』
サンプルカセット］

サガシリーズ一作目（GB）のサンプルカセットです。まさにコレクター垂涎の品と言えるでしょう。

［F.F.OFFICIAL SHOP オープニングイベント
『FF II』モニターアンケート］

一点集中型コレクターの世界

MOTHERの非売品グッズ編

寄稿：コアラ

『MOTHER』シリーズは、タイトル数は多くないもののグッズは豊富。さらに、現在でもグッズの総数は増え続けています。そんなMOTHERのグッズを20年以上蒐集し続けているコアラが本項を担当させていただきました。では皆さん、準備の方はOKですか？　　　（コアラ）

MOTHER

1989年、ファミリーコンピュータ用ソフトとして発売されたシリーズ1作目。非売品グッズの総数は多くは無いものの、物が残っていないため、入手難易度は高いです。また、グッズの出自を特定するのが難しいことが多いのですが、魅力溢れるアイテムがそろっています。

［フランクリンバッヂ］

MOTHERシリーズのグッズの中でも王様と位置づけられる有名な非売品グッズです。MOTHERシリーズ全作に登場するゲーム内アイテムを立体化したグッズで、小学館から発売された攻略本「マザー百科」と「マザー攻略ガイドブック」にて抽選200名に配布されたバッヂとなっています。後に2003年に渋谷TSUTAYAで行われた『MOTHER1+2』発売記念イベントでも観覧者の中から10名にプレゼントされたので、合計で210個が世に放たれました。

『MOTHER3デラックスボックス』にも同様のデザインを復刻したフランクリンバッヂが付属しましたが、微妙な印刷の違いがあり、見分けられます。海外コレクターの間では、経年劣化による色味の違いから抽選版をイエロー、復刻版をホワイトと呼んでいるようです。

［MOTHER カートンダンボール］

小売店に卸される際に使用された梱包用20pcs.カートンダンボールです。この中に20本の新品ソフトが詰められて梱包されていました。MOTHERらしい真っ赤なロゴマークが非常に格好良いダンボールとなっております。

［MOTHER サウンドトラック 見本盤］

音楽も高く評価されているMOTHER。1989年というCDとカセットテープが交じり合う時代においては、両方のサウンドトラックが発売されました。ただCDが優勢だったのか、カセットテープ版は非常に数が少なく、ネット上ではしばしば高額で売買されます。そんなCDとカセットテープ、どちらにも見本盤が存在しているのはご存じでしょうか？特にカセットテープの方は直前で曲名の変更があったのか誤植なのか「Bein' Friends」の曲名が「Bein' Angels」という印刷になっています。

［販促用チラシ・ポスター］

発売当時に店舗で配布されたチラシと、貼り出されたであろうポスターとなっています。チラシに関しては配布された形跡が見られますが、ポスターについては当時に見たという目撃情報が聞こえてこないので、曖昧な書き方になってしまいました。

チラシとポスターで微妙な文字表記の違いが見受けられますが、デザイン自体は当時放送されていた宣伝CMから切り出された実写画像が使われております。チラシは悲しい事に偽物が多く出回っていますので、購入される際は注意して下さい。

MOTHER2 ギーグの逆襲

1994年、スーパーファミコン用ソフトとして発売されたシリーズ2作目。MOTHERと言えばMOTHER2を連想される方も多いのではないでしょうか？

シリーズ一番の人気作であり、グッズの数もシリーズで一番多いです。非売品となると関係者のみに配布された物が多く、入手方法は運と情熱としか言えません。

［MOTHER2 特製Zippo］

MOTHER2発売記念に関係者のみに配布されたZippoライターです。表面のロゴマークは手彫りとなっており、かなりのこだわりを感じさせる逸品となっております。裏面には、シリアルナンバーとそれぞれの関係者の名前が彫られています。

総数はほぼ日公式サイトでは20個程度と記載されていましたが、実際には50個程度の数が製作・配布されたようです。私の持っているZippoのナンバーは明かせませんが、製作個数が想像できるナンバーとだけ記させていただきます。また、シリアルナンバーが無い物も存在しますが、出自の特定には至っていません。

［MOTHER2 年賀ハガキ］

1995年のお正月に、関係各社に配布された年賀ハガキです。後に電撃NINTENDO64の1998年1月号で抽選3名のみに配布されました。ゲーム上では見る事が叶わない雪景色のオネットに袴姿のネスとポーラなど、ここでしか見られないデザインとなっています。裏面のピクロスは、どせいさんが現れるようになっているようです。

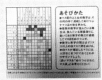

［MOTHER2 カートンダンボール］

小売店に卸される際に使用された梱包用10pcs.カートンダンボールです。この中に10本の新品ソフトが詰められて梱包されていました。実は横文字表記のMOTHER2は滅多に使われていないので、資料的価値は高いかと思われます。

［MOTHER2 スーベニアジャケット1994ver.］

MOTHER2発売記念に関係者のみに配布されたスカジャン。横浜の有名な仕立屋にて150着ほど製作されたと関係者から聞いています。プレゼントされた関係者には著名人も多く、ダウンタウンの浜田さんや木村拓哉さんなどが着用している様子が確認されています。

また2021年に、「ほぼ日『MOTHER』プロジェクト」にて奇跡の復刻受注販売がされました。復刻版では形・袖やポケットのデザインに違いが見られます。

［MOTHER2 販促用チラシ 赤・青］

MOTHER2には2種類のチラシが存在し、MOTHERらしい赤いチラシが通常配布されたもの。青いチラシは一次問屋に配布されたテスト用のチラシの可能性がありますが、確認がとれていません。制作スタッフにも所持されている方がいらっしゃるので、関係者に配られた可能性も考えられます。私は、自身が持っているものを含めて4枚が現存しているのを確認しております。

キャッチコピーが「発売前から、忘れられない。」と従来とは全く違うのが非常に印象的です。

MOTHER3

　2006年、ゲームボーイアドバンス用ソフトとして発売されたシリーズ3作品目。元々はNintendo64用ソフトとして開発されていた本作ですが、2000年に制作中止が発表され、ハードを変えての発売に至りました。非売品グッズの数は多いとは言えませんが、非常に入手難易度が高いものが含まれます。

[とるナビ限定 SMAAAASH!! STARMAN Tシャツ 空グレーver.]

　2006年以降、様々なMOTHERグッズがクレーンゲームの景品として登場しました。2009年9月〜10月、バンプレストがとるナビというサイト上にてアンケートに答えるとプレゼントが当たるキャンペーンを実施し、抽選で3名にぬいぐるみ5体セット、抽選で10名にこちらのTシャツがプレゼントされました。

　ぬいぐるみはクレーンゲームの景品と同一の物でしたが、このTシャツは抽選限定カラーで、10枚しか配布されませんでした。配布されたのはMサイズのみですが、試作品が存在するようでMサイズとXSサイズの2種類が私の手元にあります。制作された会社に問い合わせたところ、他にもデザイン候補はあったそうなのですが、製作段階でボツになったとの事でした。

[とるナビ限定 どせいさんinプレゼントボックス]

　こちらもとるナビ限定の抽選配布グッズです。2010年にケータイアンケートに答えた方の中から、抽選で50名のみに配布されました。

　MOTHERシリーズの宝箱でお馴染みのプレゼントボックスの中にクレーンゲーム景品と同様の「どせいさんゴムひも付ぬいぐるみ」が入っています。開けるとどせいさん語で「ありがと ごじます。」と書いてあるのが非常に可愛らしいです。

[MOTHER2 限定ステッカーセット]

　とるナビ関連なので番外編として紹介。2010年〜2011年まで、「MOTHERシリーズ何度も来店キャンペーン！」として3種類のQRコードを読み取って応募するキャンペーンが開催されました。その際、200名だけにこちらのステッカーがプレゼントされたようです。

[MOTHER3 営業用チラシ]

　MOTHER3は一般向けのチラシ配布はありませんでした。営業用として使用された同チラシは店舗関係者のみに配布されたのか出回りが少なく、ネット上にもほぼ情報が見当たりません。表はキャッチコピーと名シーンの画像、裏には販売のスケジュールなどが載っています。

[D.C.M.C. Tシャツ 赤・黒]

　MOTHER3の作中に登場するD.C.M.Cという架空のバンドのTシャツ。こちらは、2000年に発売中止になったNINTENDO64用ソフト『MOTHER3』の非売品グッズです。

　元々は開発関係者のみに配布されたもののようですが、1998年11月号の「電撃NINTENDO64」にて抽選1名のみに赤バージョン（Lサイズ）が配布されました。

　一見、MOTHERとは関係なさそうなデザインですが、背面を見るとしっかりと「MOTHER3 WORLD TOUR STAFF」の文字があります。デザインはモンスターデザインを手掛けられた青木俊直氏が担当されたようです。

　存在を知ってからずっと探し続けてきましたが、どうにか2種類とも入手する事が出来ました。

EARTHBOUND

1995年、SNES用ソフトとして北米で発売された英語版MOTHER2。北米では、MOTHERが様々な経緯によって発売中止となり、MOTHER2から発売されました。

非売品が実はそこそこある上に熱量の高いファンが多いので、入手難易度は高いグッズが多いです。

[マッハピザ エアーフレッシュナー]

EARTHBOUNDは他のSNES作品と違って大きなボックスに入って販売されていました。その理由が箱の中に雑誌サイズのガイドブックが入っていたこと。そのガイドブックの巻末では、とあるイベントが行われていました。付属のこすると匂いがするスクラッチカードの匂いを当てようという謎のコンテストです。

その景品として配布されたのがこちら。作中に登場する「マッハピザ」という架空のピザ屋のイメージキャラクター「ゴンザレス」がデザインされたエアーフレッシュナーです。ちなみにコンテストの正解は「ピザ」でこちらの景品もピザの匂いがするそうです。

[EARTHBOUND Pogs]

1995年の夏に「Nintendo Power」というゲーム雑誌の誌面上にて、5ドルで販売されたメンコとなります。当時、EARTHBOUNDは人気なゲームとは言えなかったので、流通数も非常に少ないグッズとなっています。

メンコなので切り抜かれているものが大半なのですが、それですら入手困難であり、今回のような未使用状態のものは更に貴重となっています。

[ピザキーチェーン]

EARTHBOUNDのロゴが記載されたピザの形のキーチェーンです。もちろん匂いもピザの匂いが付いていたようですが、現在は失われています。

一説によると、1995年のE3のイベントにて様々なグッズと共に配布された販促品のようです。

[VidProカード 2種類]

1990年代にトイザらすなどの米国の小売店にて展示用に使われていたカードです。EARTHBOUNDに限らず、様々なゲームのVidProカードが存在します。

非売品なので出回る可能性が低く、EARTHBOUNDに限って2種類のバージョンが存在しているのですが、運良く両方とも入手する事が出来ました。

[EARTHBOUND販促用ポスター]

B1に相当する非常に大きなサイズの販促用ポスターです。5年に1度ぐらいのペースで出てくるので入手難易度が高い方ではありませんが、グッズとしての人気が高いからかebayオークションでは比較的高額になる傾向があります。

ネスがコックピットに座って操っていると勘違いされがちですが、これは目の前にいるネスが反射して映っているだけです。

Wii

Wii

［みんなの交通安全］

情報提供・協力：ノヒイ ジョウタ

　前巻でも少し触れましたが、詳しい情報をいただきましたので改めて紹介します。

　このソフトは一般ユーザー向けではなく、主な販売先は全国の交通安全協会でした。交通安全協会は当時警察所管なので、中古市場へ流出することはほぼなかったであろうと推測します。

　当時のパンフレットに「Wiiを使って楽しく学べる次世代型交通安全教育」との記載があり、交通安全教育用のソフトだったようです。自転車とそれをWii用コントローラにするためのユニット一式が付属する特殊なソフトでした。

　正確には、Wii用ソフト『みんなの交通安全』のほか、「Wii本体＋Wiiリモコン」「ワイヤレスセンサーバー」「自転車コントローラ」「自転車スタンド」「説明書用CD-ROM」「自転車コントローラキャリングバッグ」「電池」がセットになって、定価765,000円（税別）。開発元は（株）スターフィッシュ・エスディでした。

　ゲーム内容は、大別して「自転車シミュレーション」と「歩行力診断」だったようです。

　「自転車シミュレーション」は主に児童向けで、自転車型コントローラを使用して安全運転を学ぶものでした。自転車型コントローラは、折りたたんで付属の「自転車コントローラキャリングバッグ」に収納して持ち運びが可能で、講習会会場に持ち込んで使用することを想定していたと思われます。

　「歩行力診断」は高齢者向けで、歩行速度測定用のセンサーを使用して歩行速度を計測し、安全な道路横断の目安をはかるものです。ただし、この歩行速度測定用のセンサーはセットに入っていませんので、構想段階だったのかもしれません。

　本ソフトはあまり知られていないことから察するに、あまり多くは普及しなかったと推測されます。前述の通り、中古市場へ流出する可能性も極めて低く、さらに定価765,000円という高額の上、自転車型コントローラというゴツイ付属品があり一般家庭での置き場所に困ること想像に難くありません。入手・保管するハードルが極めて高い一品。しかし、それでも欲しがるのがコレクターです（同居家族からしたら迷惑な輩ですが）。筆者も、いつか巡り合えたら…と想っております。

操作マニュアルは別CD-ROMとして付属し、Windows向けのPDFファイルが収録されています（右下）。

パンフレットより。自転車コントローラなどの付属品や、「自転車シミュレーション」「歩行力診断」の概要。

実際にWii本体で起動したときの、タイトル画面です。市販のWii本体で普通に起動できたことに感動です。

「自転車シミュレーション」では自転車コントローラーを接続するように言われますが、実際のところ普通のWiiリモコンでもプレイできます。信号無視などから採点され、交通ルールが学べる内容のようです。

自転車の安全点検を解説するコンテンツや自転車ルールクイズもありました。

高齢者向けの「歩行力診断」と「反応力診断」。歩行速度を測定できます。なお歩行力診断については、試作品の現存が確認されています。Wiiリモコンと社外品のワイヤレスセンサーバーを2セット使うもので、スタートとゴールの地点それぞれにセットし、リモコンの赤外線を通過したタイミングで測定するものでした。

Wii

［京成スカイライナー30周年記念ロゴマーク付きWii本体］

　京成電鉄が実施した「スカイライナー 空港輸送30周年記念プレゼントキャンペーン」(2008年6月1日〜9月30日)でプレゼントされたものです。キャンペーン期間中に往復で京成スカイライナーに乗車し、特急券番号等を記載して郵送で応募すると、30周年記念ロゴマーク付きの「Wii／ダイソンハンディクリーナー／防水DVD」のいずれかの希望商品が、1ヶ月毎に30名様、4ヶ月で合計120名にプレゼントされました

　「配布数が少ない」「応募に手間がかかる」「当選者はファミリー層等の、非コレクターである可能性が高く、Wiiを希望しない人もいたと思われる」などからか、市場にほとんど出てきません。

Wii

［ウイニングイレブン プレーメーカー2008 ツタヤレンタル体験版］

　Wii『ウイニングイレブン プレーメーカー 2008』の体験版無料レンタルが、全国のTSUTAYAにて実施されました。そのレンタル用のソフトです。

　TUTAYAレンタル版の体験版ソフトはPS等にもありますが、いずれも希少です。やはりなかなか流出してこないものだと思われます。

Wii

［WiiFit体験版］

●任天堂

　配布経緯・本数等については分かっていないのですが、とりあえず非常に入手困難です。「WiiFit」はWiiの中でもかなりメジャーなタイトルで、その体験版が何故こうも希少なのか不思議に思っております。

　ちなみに、箱の側面にバーコードがあります。非売品ソフトは店頭で販売されないので、普通バーコードがありません。バーコードがある非売品ソフトは非常に珍しいです。

Switch

Switch
[ダンボール風特別仕様Nintendo Switch本体＆Joy-Con]
●任天堂

Nintendo Switchの『Nintendo Labo』で作った作品のコンテスト「#ラボ作品 コンテスト」(作品募集期間：2018年7月19日～2018年8月26日)でプレゼントされたアイテムです。コンテストには小学生部門と一般部門があり、金賞各3名(計6名)に「ダンボール風特別仕様Nintendo Switch本体」が、銀賞の各10名(計20名)に「ダンボール風特別仕様Joy-Con」が贈られました。

こちらが国宝級の一品「ダンボール風特別仕様Nintendo Switch本体」です。まず箱がダンボール風です。本体だけでなく、Joy-Conやドックもダンボール風の特別仕様になっています。さらに、起動した画面もしっかり特別仕様になっていました。
(協力：谷6Fab店長)

そしてこちらが、銀賞の「ダンボール風特別仕様Joy-Con」です。

ケース・グッズ類

Switch

［呪術廻戦 Switch Lite用ポーチ］

白十字とTVアニメ「呪術廻戦」のコラボキャンペーン（2021年6月1日〜8月31日）で、Switch Lite本体とポーチが10名にプレゼントされました。そのポーチがこちらです。

Switch

［ニンジャラ×meiji オリジナル Nintendo Switchポーチ］

Switch『ニンジャラ』（ガンホー・オンライン・エンターテイメント）と明治のコラボ「おうち時間をハッピー＆スイートに with ニンジャラキャンペーン（2020年12月8日〜2021年3月31日）」で500名にプレゼントされました。

Switch

［Nintendo Switch専用 コロコロ限定スペシャルケース］

小学館の「コロコロコミックス買うんかい、買わへんのかいキャンペーン!!」（「月刊コロコロコミック2018年8月号」「同9月号」他）で、「A賞 コロコロ限定スイッチケース＆好きなソフト1本 10名」「B賞 コロコロ限定スイッチケース 290名」「C賞 コロコロ歴代ふろくセット 1000名」がプレゼントされました。そのA賞とB賞のプレゼント品です。

Switch

［アルミケース for Nintendo Switch ディアルガ＆パルキア］

セブン-イレブンが実施した「ポケモンキャンペーン」（2021年11月18日〜12月3日）の中のアプリキャンペーンで、1,000名にプレゼントされました。

Switch

［セブン-イレブン限定 スーパーマリオ トートバック＋プレイスタンド for Nintendo Switch］

セブン-イレブン・ジャパンがスーパーマリオブラザーズ35周年を記念してオリジナルメニューを発売しました（全6種類）。その際の購入者向けキャンペーン（2021年2月5日〜2月24日）で、3個購入して申し込むと、1,000名にプレゼントされたというものです。

Switch

［ポケモン×ダニエル・アーシャム ×2G　Game Case］

非売品ではありませんが、一般的なゲームグッズとは異なるルートで販売されたものです。展覧会「Relics of Kanto Through Time」at PARCO MUSEUM TOKYO（2020年8月1日〜8月16日）で、ポケモンと現代アーティスト「ダニエル・アーシャム」とアートスタジオ「2G」によるトリプルコラボレーションアイテムとして製作されたもので、イベントや通販で販売されたようです。

Switch
［ブタメンオリジナル
デザインポーチ］

　おやつカンパニーが実施したキャンペーン（期間：2021年11月〜2022年10月31日）で、ブタメンを購入して応募マーク15枚一口で応募するもの。抽選で300名に「Nintendo Switch Lite（イエロー）ブタメンオリジナルデザインポーチ付き」がプレゼントされました。

Switch
［レゴ スーパーマリオ
キャリングケース］

　レゴ「スーパーマリオ ルイージとぼうけんのはじまり〜スターターセット」購入特典でした。

Switch
［ガンダムデザイン
サコッシュバッグ］

　2021年に、『ジョージア』×『機動戦士ガンダム』キャンペーンが実施されました。いくつかのプレゼントキャンペーンがあり、その景品のひとつです。
　ジョージア製品を購入して応募用シールを獲得して、抽選に申し込むというものでした（期間：2021年1月11日〜3月31日）。シール20枚で応募するコースにおいて、150名に「ガンダムデザインサコッシュバッグ付き Nintendo Switch Lite（グレー）」がプレゼントされました。150名にしか配布されなかったレア物ではあるのですが、あまりゲームと関係ない気がします。

Switch
［放課後シンデレラ 発売記念
ゲームケース
放課後シンデレラSDイラスト
発売記念 ゲームケース］
●HOOKSOFT

　HOOKSOFT公式boothショップで販売されていました。Amazonでも販売されているようです。

Switch
［クリスタルオーナメント］

　Amazonにおいて、Switch『スーパーマリオオデッセイ』のキャンペーン（2017年11月1日〜2018年1月15日）が開催され、期間中に対象の「スーパーマリオオデッセイ関連商品」と、同じく対象のSwitch用ソフトを購入して、2つ両方のシリアルナンバーを応募サイトで入力して応募することで、オリジナルキャリーケースや『スーパーマリオ オデッセイ』のクリスタルオーナメントが、計110名にプレゼントされました。内訳本数の裏付けが取れていませんが、クリスタルオーナメントは、おそらく100名ほどにプレゼントされたのではないかと推測しております。

Switch
［オリジナルボックススタンド付
マリオパーティスピーカー］

　2018年に開催されたAmazonの「Nintendo Switch冬の抽選キャンペーン」で、対象のSwitch用ソフトを購入してシリアルコードを入手して申し込むと、抽選でいくつかのグッズがプレゼントされました。ネット上の断片的なコメントから推測し、このスピーカーは100名にプレゼントされたと踏んでおります。Amazonはキャンペーンが終わるとすぐにサイトを消してしまうので、後から情報を追いかけるのが非常に困難です。

『マリオのふぉとぴー』用スマートメディア

N64用のゲームソフトに『マリオのふぉとぴー』というものがあります。写真を合成・編集して遊ぶという内容のソフトです。このために、データを入れたメディアカードが、別売りされていました。

筆者の体感的に、当時売れていたという印象はありませんでした。実際、ほとんど中古市場に出てきません。またメディアカードですので、デジカメなどに流用されて、時代の流れとともに廃棄されている可能性もありそうです。コレクター的に言えば「入手難度＝地獄レベル」と言えるぐらいに、ぜんぜん残っていません。

中でも「カードキャプターさくら」については、筆者は、「N64が現役だった頃に店頭で売られているのを見たことがあるような気がする」という記憶だけを頼りに20年ぐらい探していましたが、自分以外で「見たことがある」という人は、コレクターの中でも一人しかおらず、存在したという物的証拠も見つからず、自分の記憶が信じられなくなりつつある中…、譲ってくださる方が現れました‼ 本当にありがとうございました！

キャラクター集
カードキャプターさくら

キャラクター集 ゼルダの伝説 時のオカリナ

キャラクター集
ボンバーマン

キャラクター集
ヨッシーストーリー

キャラクター集
シルバニアファミリー

イラスト集
ポストカード1

イラスト集
おもしろアクセサリー1

スマートメディアキット
（単体販売版）

ここで掲載したものの以外に、『キャラクター集 ひみつのアッコちゃん』『キャラクター集 メダロット』『キャラクター集 ハローキティ』が存在しています。

2 任天堂 携帯機編

携帯型ゲーム機の世界を大きく広げたゲームボーイ。その後継機として登場したゲームボーイアドバンス。さらに、ニンテンドーDSやニンテンドー3DSまで、任天堂の携帯機に関する非売品ゲームソフトやグッズ、特殊な経路で販売されたものなどを紹介していきます。かつてはあまり高値にならない傾向だった携帯機の非売品ソフトも、最近のレトロゲームブームの影響か、入手困難になりつつあります。

GB・GBA

GB

[GBKiss MINI GAMES]

●ハドソン　寄稿：GeeBee　協力：ナポりたん

　ゲームボーイの、「GB KISS」をご存知でしょうか？　これはハドソンが開発した機能で、ゲームボーイカラーに搭載された赤外線通信を利用してミニゲームを通信できるというもの。イベントや店舗などで、これを利用してミニゲームが配布されていたのです。

　そして、その配信用に利用されていたと思われるソフトが、ここで紹介する『GBKiss MINI GAMES』。

　このソフトは、ハドソンスーパーキャラバン等で配信された配信ソフト5本（と『KISS MAIL』）が初期状態でプレイ可能となっています。しかしそれ以外のソフトについては、「他にもいろいろ遊べたらしい」とタイトルなどが噂されているのみで、長年詳細不明のままになっていました。そしてこの度、なんと隠しパスワードを入力することで、他のイベント用配信ソフトも遊べることが判明したのです！

　発見したキッカケは、ナポりたんさんから譲っていただいた『GBKiss MINI GAMES』。ソフト自体

以前からソフトの存在は知られていたが、その内容は分かっていなかった。

裏面に「3.BINARY」とメモされていたことから、パスワードの解明が進んだ。

は以前から所持していたのですが、譲っていただいたソフトは実際の店舗で利用されていたようで、裏面に「3.BINARY」と無造作に書かれたシールが貼られていました。コレクター的には、こういう当時の何気ないシールやメモが貴重だったりします。

この文字を見て、なんの気なしにパスワード入力画面から「BINARY」と入力したところ、なんと『バイナリーランド』（バイナリィではなくバイナリーでした）等のソフト数本が遊べるようになりました！これが今回の調査の始まりでした。

■操作方法

●基本操作

Aボタン…決定　Bボタン…キャンセル
START…通信状態にする　SELECT…終了・戻るなど

●メニュー画面

「実行」→ソフトを実行
「情報」→ソフトの情報（SRAMや作者名）を表示
「整理」→ソフトのアイコンを別の場所に移動
「送信」→他の本体に選択しているソフトを送信
「受信」→選択した場所にソフトを受信
「削除」→選択したソフトを削除
※トップ画面でBボタンを押すと、パスワードの入力とソフトを本体SRAMに転送するためのメニューに飛ぶ。

■初期状態でプレイ可能

「KISS MAIL」…メールを送信可能。
「モグってなんぼ」…モグラ叩きゲーム。画面の6つの穴が十字ボタン＆ＡＢボタンに対応。
「SAME GAME KISS」…いわゆる「鮫亀」。
「ジャカジャカジャンプでポン」…レースゲーム。敵は居らず、ジャンプで障害物を回避していく。
「がんばれ!!マグネッツ」…全７面の固定画面アクションパズル。全ソフトの中で一番ゲームらしい作り。
「SHOOTING MASTER」…連射測定。

このパスワードで遊べるようになったのは、『WORM』『バイナリーランド』『ルーレット』『ブラックジャック』の４タイトル。その後は、ナポりたんさんからの情報等を元に、未確認のGB KISSソフトを把握し、そのソフト名等からパスワードを推測→入力するというトライ＆エラー方式で調査。色々な試行錯誤の末に、5つのパスワードを発見しました！

ここでは、すべてのパスワードと、そのパスワードで遊べるようになるソフトを紹介します。

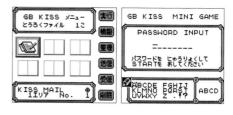

■パスワード「BINARY」

「WORM」…エサを食べると体が伸びるワームを操作し、壁や伸びた体にぶつかるとゲームオーバー。
「バイナリーランド」…FC『バイナリィランド』の移植。ボーナス面なども再現している。
「ルーレット」…カジノゲーム。コインが無くなるとソフトが削除されるという鬼仕様（再追加は可能）。
「ブラックジャック」…トランプのブラックジャック。やはりコインが無くなる＝ソフト削除。

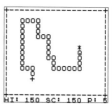

■パスワード「KISSMON」

「KISS MONSTER」…名前を入力するとモンスターが作成され、通信対戦で遊べる。GB『ポケットボンバーマン』には、続編の『KISS MONSTER2』が収録されている。

「ストップウォッチ＆タイマー」…タイトル通り。

「かんい でんたく」…電卓。16進数にも対応。

「バイオリズム」…名前と生年月日でバイオリズムを作成。利用可能期間は2025年まで。

「サウンド ルーム」…サウンドテストモード。

「バケちゅリレー」…穴を狙ってボールを発射するミニゲーム。通信機能を利用し、最大15人まで遊べる。

■パスワード「CANNON」

「アイコンデータしゅう」…実行すると34個のアイコンが追加される。

「アイコン エディター」…アイコンを自由に作成して、SRAMに保存可能。

「15パズル＆パネルでポン」…2種類のパズルが遊べる。「パネルでポン」は同名の名作ではないため注意。

「スロット マシン」…パチスロ系。コインが無くなるとソフトが削除される。

「キャノンボール」…PCからの移植。モリを発射して風船を割るゲーム。

「ポーカー」…1人用ポーカー。やはり、コインが無くなるとソフトが削除される。

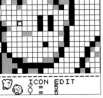

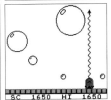

■パスワード「GAMEDATA」

「15パズル データ1」「15パズル データ2」
「15パズル データ3」「モグってナンボ データ」
「ストップウォッチすうじデータ」
…いずれも追加データ集。同名のソフトと一緒にSRAMに転送して実行すると、背景や画像を変更できる。

■パスワード「KISSTOOL」

「SRAM GET&CLR」
「FILE ALL DELETE」
「CHAR DUMP」
…システム用のソフト。SRAMのコピーや全クリア、ダンプリストの表示などが可能。

GB
［グランデュエル体験版］

●ボトムアップ

　前巻でも掲載したソフトですが、説明書を入手できたので再掲載します。ソフトだけならば入手は比較的容易なのですが、説明書は、紙ペラ一枚のせいかあまり残っていないようで、なかなか市場に出てきません。

　「グランデュエル～深きダンジョンの秘宝～体験版キャンペーン」と記載されたハガキが存在しており「このハガキのアンケートに答えて送ると、グランデュエル～深きダンジョンの秘宝～通常版に君の名前が載っちゃうぞ！」「お名前が通常版のどこかに掲載されます」との記載があります。名前が載った方にとっては、良い思い出ですね。

GB
［ゲームボーイ ギャンブラーズシリーズキャンペーンパックvol.1］

　パチンコの景品で配られたものではないかと推測しております。市販のGBソフト２本（『プロ麻雀極GB』アテナ、『携帯競馬エイトスペシャル』イマジニア）と電池がセットになって、透明ケースに入っています。レアではあるのですが、値段はつかなさそうな一品です。

　こういったパチンコの景品系の限定版は、他にも色々あります。バラバラにすると普通の市販版と変わらないので、もうほとんど現存していないのではないかと推測しております。

未発売ソフト

　実際には発売されなかったゲームのサンプル・開発版です。GBA用の開発カートリッジを入手して起動してみると、ごく稀に未発売ソフトのデータが入っていることがあります。

　これらは、途中まで開発された（もしくは完成した）ものの、なんらかの理由で世に出なかったのだろうと思われます。世に出せなかった無念さは察して余りあるものがあるので心情的には申し訳ないと思うものの、コレクター的には大当たりです。ここでは、たまたま筆者が入手できた「未発売ソフト」を２点、紹介します。

GBA用の開発カートリッジ。「AGBカートリッジ64Mフラッシュ ケースイリ」と書かれている。

GBA
［まじこね］
●SOFTMAX

GBAソフトを集めていた当時、Amazonやブックオフ等の販売サイトに、この『まじこね』の商品販売ページが作られていました。しかし当時品切れ扱いで、実際にソフトが売られているのは見たことがなく、「もしかしたらあるのか？」と、必死に探し回っていました。

よくよく調べてみると発売中止になったソフトであることがわかり、そのまま忘れかけていたところに、運よく『まじこね』が入った開発版カートリッジを入手できました。起動してタイトル画面を見たときは、「長年、タイトル名しか知らなかった幻のソフトがついに！」と感激でした。

筆者が入手したソフトを見た限りでは、かなり出来上がっているような印象を受けました。なんらかの理由で発売までたどり着くことが出来なかったのだろうと推測します。

タイトル画面とメニュー画面。通信対戦と思われるメニューもあります。

こういう「未発売ソフト」は、通常は世に出ないもののため、操作方法などが分からないこともよくあります。しかし、『まじこね』はゲーム中に「そうさせつめい」があり、非常に助かりました。

オープニングや幕間劇も入っていました。「伝説の石板 まじこねストーン」を集めるという設定のようです。

キャラクター選択画面。キャラクターごとに必殺技があり、それぞれのストーリーが展開されるようです。

落ち物パズルのようなゲーム画面です。下からブロックがせりあがって来て、同じ色のブロックをラインで繋げて消していくというルールです。

GBA
［メカニクメカニカ］

たまたま入手した開発用カートリッジを起動してみたところ、『メカニクメカニカ』という、おそらく未発売タイトルと思われるゲームが収録されていました。

タイトル画面にメーカー名や発売年等の記載が無いため断定はできないのですが、筆者自身がプレイしてみた感触としては、同人ソフトのような雰囲気はなく、製作会社が商業用に作成していたゲームソフトのように感じました。

ゲーム内容は、ロボットをカスタマイズして1対1で対戦するアクションものです。

ゲーム中に登場キャラ同士の会話もあるのですが、固有名詞が「しゅじんこう」「ヒロイン」「ツレ」となっており、開発途中であることが感じられます。コレクターとしては、まさに「掘り当てた！」という実感がわくポイントです。

こういったソフトの調査については、海外の方が進んでいます。このソフトについても、海外の方が調査を進め、開発会社などのあたりをつけておられるようです。未確定情報なので本書では触れませんが、興味がわいた方は調べてみてください。

メニュー画面。タイトル画面やメニュー画面には、メーカーなどの記載が入っていません。

ロボットのカスタマイズ画面。

バトル画面。ロボットを操作し、1対1で戦闘するゲームでした。

会話画面。[しゅじんこう][ヒロイン][ツレ]など、仮のままになっているようです。「カレン」「クレア」といったキャラクターも登場しました。

データだけの非売品

非売品ゲームソフトというと、カセットなりCD-ROMなり何らかのメディアを想像しますが、「中のデータだけ非売品」というソフトも存在します。

GBA
［ファイアーエムブレム烈火の剣 特別データ入りバージョン］

●任天堂

　月刊ジャンプやVジャンプの懸賞でプレゼントされた、特別なマップやアイテム等のデータの入った特別版です。月刊ジャンプ2002年8月号では50名に「ファイアーエムブレム封印の剣 月ジャンオリジナルマップ入りバージョン」が、Vジャンプ2002年7月号では10名に「ファイアーエムブレム封印の剣 Vジャンオリジナルマップバージョン」がプレゼント。月刊ジャンプ2003年7月号では10名に「ファイアーエムブレム烈火の剣 特別データ入りバージョン」がプレゼントされました。

　ここまでは前巻にも記載しましたが、他にもまだありました。月刊ジャンプ2003年6月号で20名に「ファイアーエムブレム烈火の剣 特別データ入りバージョン」がプレゼントされていました。しかも幸運にも、現物を手に入れることが出来ました。写真のとおり、特別アイテムがいくつか入っています。　　　（協力：ナポりたん）

GBA
［まつむらクエスト 完全版］

●エンターブレイン

　漫画家のみずしな孝之先生が、GBA『RPGツクールアドバンス』（エンターブレイン）で制作されたソフトです。ファミ通誌上でプレゼントされたほか、東京ゲームショウでも配布されたようです。

▶▶ その他の「データだけの非売品」　　協力：ナポりたん

　Vジャンプ1999年7月号に、GB「遊戯王スペシャルモンスターズII 闇界決闘記 スペシャルバージョン」を懸賞で200名にプレゼントする旨の記事が掲載されています。初期状態からデッキキャパシティが3000になっていて、ゲームを有利にプレイできるようです。

　Vジャンプ2000年3月号には、GB『ハンター×ハンター ハンターの系譜』を300本プレゼントする懸賞が掲載され、うち20本は全アイテムを最初から持っている「スペシャル版」という記載があります。

　特別なデータを入れたプレゼントは、GBやGBA以外でも行われていました。Vジャンプ2001年3月号には、WS『仙界伝弐』に『趙公明の花の種』のデータを入れて50名にプレゼントする旨の記載が

ありました。ただし、同記事内で「ジャンプフェスタでプレゼントした特別データ」「通信共闘で友達に種をあげるのだ」「友達にデータを上げても君のデータは無くならない」といった記載があるので、意外とそこかしこに広がっているのかもしれません。

　また、電撃王2000年2月号〜9月号にかけて、WS『東京魔人學園符咒封録』にレア符データを入れてプレゼントする旨の記事が掲載されています。4種類×各25名にプレゼント＋全種類を5名にプレゼントしたようですが、あくまでデータなので、他でもプレゼントされた可能性はあると思います。

　なおいずれのソフトも、筆者は実物を見たことが無いため、市販品と比べてパッケージ等の外見に相違があるかどうかは未確認です。

アドバンスムービー

アドバンスムービーは、GBAで動画を再生できるシステムです。2003年にam3社から発売され、2006年にはアドバンスDSムービーに改称しています。比較的、息が長かったようです。

アドバンスムービー用ソフトは、一部のデジカメなどでも使われたスマートメディア規格を採用し、アドバンスカードと呼ばれます。このカードに動画等のデータが記録されており、専用のアダプタを介してGBA本体にセットして再生するものでした。

アドバンスカードは、主にプリスターパックで販売されました。しかしプリスターケースというのは、普通は捨てられてしまいます。そしてプリスターケースを捨ててしまうと、残るのは小さなメディアカードだけです。そのため、アドバンスムービー用ソフトは、コレクション品としては扱いづらく、レトロゲーム専門店で

も「対象外」的な扱いを受けることが多いようです。

Wikipediaのアドバンスムービーの項目にも、「販売終了後はプレミアがかかることもなく、オークファンでは平均落札価格が3540円だった」と書かれてしまっています（2022年10月11日現在）。筆者のような、アドバンスムービー用ソフトを集めている人間からしたら余計なお世話ですが、客観的に見れば正論です。

高値がつかないが故に、中古市場にはあまり出てきません。値段は安いですが、探すと見つからないシロモノとなっております。

しかし、そんなアイテムを探し求めるコレクターも存在します。アドバンスムービーにはポケモンコンテンツが多いこともあり、ものによっては競り合いになり、とんでもない値段になることもあります。値段の乱高下が激しい（というか読めない）品なのです。

アドバンスムービー
爆笑問題のバク天！
パラパラまんが

アドバンスムービー
アダプタ

このアダプタにアドバンスカード（スマートメディア）を入れ、GBA本体に差し込んで使用する。

アドバンスムービーカード
レレレの天才バカボン

アドバンスアダプタ

アドバンスDSムービーに改称された後のもの。DSはGBAソフトと互換性があるため、アドバンスムービーも使用できた。

アドバンスムービー
アダプタ
展示用サンプル

アドバンスムービーカード 名探偵コナン（第1話〜第14話）

写真右下にあるのは、アドバンスムービーのカードが収納できるバインダーで、第11話のキャンペーンで配布されたものです。

アドバンスムービーカード タイムボカン（1〜7）

ポケモン関連のアドバンスムービー

「ピカチュウのふゆやすみ アドバンスアダプタ付スペシャルパック 次世代ワールドホビーフェア限定パッケージ」と「ミュウツーの逆襲 完全版 アドバンスアダプタ付劇場限定パック」。ワールドホビーフェアや劇場で限定販売されたものもありました。

紙箱のアドバンスカード

ブリスターパックではなく、GBA用ソフトと同じサイズの紙箱のものもありました。

キャラクターズ アドバンスカード

ムービーを記録するための空のカード。ただのブランクメディアですが、集めたくなる見た目です。

非売品のアドバンスカード

「アドバンスカード ポケパーク」。ポケパークで、アドバンスムービーにマップなどを収録して貸し出していたようです。その他、『ピカチュウたんけんたい』購入者に、抽選で100名にプレゼントされたようです。

「アドバンスムービー用カード ミュウツー vs ミュウ」。アドバンスムービー「劇場版ポケットモンスター ミュウツーの逆襲 完全版」購入者向けに、抽選で100名にプレゼントされました。

「バレットプラザ アトレ上野店 購入者特典 アドバンスカード」。配布の経緯は不明ですが、アトレ上野店で買い物をした方に配られたのではないかと推測されます。こんな紙の袋を取っておく人はそうそうおらず入手は極めて困難だと思われますが、レトロゲーム市場的に見て、金銭的な価値は全く無いでしょう。

※非売品のアドバンスカードはどれも配布数が少ない上に、小さなカードなので、現存数は極めて少ないと思います。筆者は持っておりませんが、以下のようなものもあります。
・「アドバンスムービー用カード ピカチュウ&ニャース」：ふゆやすみわくわくキャンペーン（アドバンスンジャパン情報局 vol.4）でプレゼントされました。
・「アドバンスムービー用カード プラスル&マイナン」：「ピカチュウのふゆやすみ」購入者向けに、抽選で100人にプレゼントされました。
・「アドバンスムービー用カード レックウザ」：「ポケットモンスターTVシリーズ 第1話」購入者向けに、抽選で200名にプレゼントされました。

GB ＆ GBAの非公式ソフト

レトロゲームの楽しみ方も広がり、GB・GBAソフトを独自に製作される方々が増えてきました。実機で動作するカートリッジで、箱などに工夫を凝らしたものも多く、コレクションとしても魅力的な品々です。

（協力：GeeBee）

GBA 巫女ぱら

GB 私の体はどこへ

GB 猫缶ドリーム

GB スーパー・ケーブル・ボーイ

GB 弾丸ＧＢ

GB とぶとぶがーる／とぶとぶがーるでらっくす

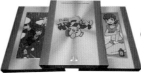
GB ポワッ！

GBA 燃費博士

GB ジルの１日

GB バーガーキッチンＧＢ

GB リペアちゃん 修理大作戦ＧＢ

GB プリンセス ガーデニングＧＢ

GB アナザー ドラキュラの城ＧＢ

GB 冴子先生のお色気 ブラックジャックＧＢ

DS・3DS

国民的携帯ゲーム機として一時代を築いたニンテンドーDS（以下「DS」）、その後継機のニンテンドー3DS（以下「3DS」）。幅広い層に愛されただけあって非売品や特殊ソフトも色々あり、カバーなどの周辺グッズも豊富です。前巻では書ききれなかったもの、新しく発見したものなどを紹介します。

DS

［マクドナルド研修用DS（本体・ソフト）］

日本マクドナルドがアルバイトの研修用にDSを導入したことがありました。その際に使用されたソフトが、前巻でも紹介した『クルトレ eCDP』です。

さらに、研修用のDS本体もマクドナルド仕様でした。正式名称は不明ですが、本体にマクドナルドのロゴが大きく刻印されています。このため、本書では「マクドナルドDS」と呼称します。

CDPというのは一般的には「Career Development Program」のことですが、マクドナルドのCDPは「Crew Development Program」のことだそうです。

研修用ソフトの『クルトレ eCDP』。

本体も市販品ではなく、黒のDSiにマクドナルドのマークが刻印されています。（協力：GeeBee）

『クルトレ eCDP』は、普通のDS本体でも起動できます。（協力：GeeBee）

ソフトを起動しパスワードを入力すると、プレイすることができます。調理の仕方等、マクドナルドでのお仕事について学ぶことができる内容です。（協力：GeeBee）

DS [eSMART]

マクドナルドで使用されたDSソフトとしては、『eSMART』というものも存在します。筆者が見たものは、中のソフトと説明書は『クルトレ eCDP』で、ケースのみ『eSMART』になっていました。

協力：GeeBee

DS [eSMART 2.0]

『eSMART』には、バージョンアップ版と思われるものも存在します。こちらはケースだけでなく、ソフトや説明書の表記も『eSMART 2.0』でした。

協力：GeeBee

3DS [ビッグマック オリジナル3DSケース]

伝聞情報のみで確証が無いのですが、マクドナルドで働くクルー向けの抽選でプレゼントされたようです。市販の3DS本体に、ビッグマックの意匠がプリントされたカバーが装着された状態で配られたようです。

🅳🅢 ［ニンテンドーDS 教室］

DSを活用して学校の授業を支援しようという試みがあったようです。

2009年6月9日に任天堂とシャープシステムプロダクト社が出した合同プレスリリースには、「任天堂株式会社は、ニンテンドーDS（DS、DS Lite、DSi）を活用した小・中・高等学校向け授業支援システム『ニンテンドーDS 教室』を新たに開発」と記載されていました。

さらに、「シャープシステムプロダクト株式会社が、当システムの販売」「教師用パソコンと生徒用ニンテンドーDSを無線 LAN（Wi-Fi）で接続し、教師と生徒がインタラクティブに授業をすすめる」とされています。ここで紹介する「ニンテンドーDS 教室」は、この試みで使用されていたと思われる本体です。

一見、普通のDS本体に見えますが、このカラーの組み合わせは市販されていません。また、裏面に「ニンテンドーDS 教室」の記載があります。

本体は特殊な配色のDSi LL。

起動すると、「ニンテンドーDSきょうしつ」のアイコンがあります。教室内でこれを起動し、教師の端末とつないで学習していたと推測されます。当然ながら、接続はできません。（協力：GeeBee）

🅳🅢 ［すぐろくDS］

●ワイズマン

介護用途で販売・使用されたDSソフトです。スクウェア・エニックス・ホールディングスの子会社のコミュニティーエンジン株式会社が2009年4月1日に出したプレスリリースに、以下の記載がありました。

「株式会社ワイズマンから委託を受け〜中略〜介護・福祉施設向けニンテンドーDS用ケア記録支援ソフト『すぐろくDS』を開発」「販売先 介護・福祉施設」「販売価格40,000円（税別）」「販売形態 株式会社ワイズマンの支店または販売代理店を通じて販売」「販売予定時期 2009年6月」

なお、一般向けには販売されませんでした。筆者が、自身がゲームコレクターであることを明かした上で、ソフトの購入について相談したところ、ソフト単体での販売はしていないということでした。在宅介護プランを契約すればソフトも提供されるようでしたが、最小プランで約20万円とのことで諦めました。

ちなみに「すぐろく」は、ワイズマン社の介護記録ソフトの名称のようです。それを、DSで使えるようにしたものが『すぐろくDS』というわけです。

DS

［ニンテンドーゾーン用店頭無線配信ボックス］

●任天堂　協力：GeeBee

　全国のセブンイレブン、TSUTAYA等にニンテンドーゾーンの配信サービスを提供するための機器が設置され、DSや3DS等で色々なコンテンツサービスを受けることができました。その配信に使用された機器と、その機器用のソフトです。

　シンプルな無線機器のような見た目ですが、その中にはDS本体がそのまま入っています。また、GBAカートリッジの「ニンテンドーゾーン用 電源

コントロールカートリッジ」と、DSカードの「ニンテンドーゾーン用 無線配信用DSカード」がセットされています。

　内部のDS本体も市販のものとは異なり、ソフトが外れないように樹脂パーツが付いています。

　なお、この配信機器には旧型と新型があり、付属のDSカードの型番も異なっていました。旧型が「WDB-JPN」で、新型が「WDB-JPN-1」です。

この機器は2モデル存在します。左が旧型、右が新型。（協力：GeeBee）

ソフトを通常のDS本体で起動することも可能でした。

新型を起動したところ。当然ですが、現在では接続やサーバーとのやり取りはできません。（協力：GeeBee）

海外でも、店頭で使われたソフトが存在します。こちらは、デモやポケモンの配布に使用されていたと思われるソフトです。

3DS

［コロコロコミック35周年記念特製3DS］

懸賞などで配布された非売品のDS・3DSはかなりの数があり、筆者も全貌は把握できていません。ここで、その一部を紹介していきます。

まずは、月刊コロコロコミック2012年5月号の抽選で100名にプレゼントされた3DS本体。「コロドラゴン」がプリントされており、黒い本体に金色が映えるデザインです。

当選通知です。

箱は市販品と同様でしたが、中に「特別限定仕様ニンテンドー3DS修理サービスに関するお願い」という紙が入っていました。

また、（コレクター的に）特筆すべきはこちら。保証書にコロコロコミック編集部の印が押されているのです！

3DS

［パイレーツオブカリビアン ワールドエンドプレミア3DS］

2007年5月19日、映画「パイレーツ・オブ・カリビアン：ワールド・エンド」のプレミアが、アメリカのディズニーリゾートで開催され、そこに招待された方にプレゼントされたもののようです。配布数は150～200程度ではないかという噂があります。はっきりした公式情報が見当たらず、正式名称は不明です。

3DS

［アニメ「K」描き下ろし ニンテンドー3DS アニメイト×GoHands限定モデル］

アニメイトの「ゲーム祭2015春の陣」フェアで、100名にプレゼントされたものです。アニメイトでゲームソフトを予約すると1000円毎に予約ポイントが1ポイントもらえ、3ポイントで抽選に応募できるというものでした。

3DS

［エイトレンジャー2 オリジナルデザイン ニンテンドー3DS］

関ジャニ∞と森永のコラボキャンペーンで100名にプレゼント。他の懸賞でも少しプレゼントされたようで、100＋αぐらいの数が配布されたと推測されます。

DSvisionの非売品

DSvisionは、DSで映像・書籍を配信するシステム。その非売品は前巻でも扱いましたが、いくつか追加で入手できたソフトがあるため紹介していきます。

DSvisionは、パッケージの紙以外の中身は、見た目が全部同じなので（もちろん内容は違いますが）、コレクション品としてみた場合、「これに高いお金を出すなんて正気の沙汰とは思えない」というシロモノです。筆者はそういうものに惹かれるので、好んで集めております。

右はDSvisionの「筆者が所持している非売品ソフト全部」と『きかんしゃトーマススペシャルパック』です。『きかんしゃトーマススペシャルパック』は市販品ですが、下手な非売品よりも入手が困難です。

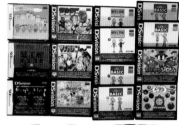

DS
［DSvision「ねことも」創刊記念プレゼント マンガ ペットシリーズ スペシャルパック］

協力：コアラ

雑誌「ねことも」の創刊記念で、2号連続計200名にプレゼントされたものです。

背表紙には、「スペシャルパック」と記載されているのですが、パッケージ表面には「スペシャルセット」と記載されています。

DS
［DSvision かいけつゾロリ プレゼントパック］

月刊ブンブン2008年11月号の懸賞で、50名にプレゼントされました。

▶▶ DS「国立西洋美術館ガイド用ソフト」（正式名称不明）

協力：ノヒイ ジョウタ

2006年、国立西洋美術館とエリアポータル（株）が実施した「ウェル.com美術館」プロジェクトの第2弾において、携帯端末を活用した美術館ガイドサービスのトライアルが実施されました。

当時の記者発表会資料によれば、DS本体もしくはワンセグ携帯端末を来館者に貸し出して、美術鑑賞のガイドに活用するというものだったようです。期間については、「一般向けサービス・トライアル日時11月3日（金）〜11月19日（日）」という記載がありました。

この時に貸与されたDSに、国立西洋美術館ガイド用のDSソフトが使用されていました。実施期間が2006年11月3日〜11月19日という極めて短い期間でしたので、このDSサービスを経験できた方は非常に幸運だったと言えるのではないでしょうか？

この取り組みは、残念ながら本番運用には至らなかったものと思われます。ただ時を経て2012年、フランスのルーヴル美術館で3DSがガイドに採用され、サービスが続いたことを考えると、先進的な試みだったと言えそうです。

店頭で使用された非売品ソフト

体験版の中には、店頭やイベントなどでデモとして使われたものなど、本来ならば市場にはないはずのものもあります。しかしいつの間にか世に出回り、コレクションの対象となることもあります。

とはいえ、DSなどの比較的新しいゲームになってくると、なかなか流出してこなくなっています。ここで紹介する店頭デモ用のソフトなども、ほとんど市場に出てこず、非常に珍しいものとなっています。

店頭デモ用体験版ソフト

協力：GeeBee

DSの「店頭デモ用体験版ソフト」は、多くの種類があります。パッケージに統一感があり、コレクション欲が刺激される品々です。ちなみにいずれも入手困難です。

[**DS** 店頭デモ用体験版ソフト 赤ちゃんはどこからくるの？]

[**DS** 店頭デモ用体験版ソフト エッグモンスターHERO]

[**DS** 店頭デモ用体験版ソフト きみのためなら死ねる]

[**DS** 店頭デモ用 2006年10月体験版ソフト]

[**DS** 店頭デモ用体験版ソフト 逆転裁判 蘇る逆転]

[**DS** 店頭デモ用体験版ソフト さわるメイドインワリオ]

DS

店頭デモ用
体験版ソフト
スーパー
プリンセス
ピーチ

DS

店頭デモ用
体験版ソフト
タッチ!
カービィ

DS

店頭デモ用
体験版ソフト
たまごっちの
プチプチ
おみせっち

DS

店頭デモ用
体験版ソフト
超執刀
カドゥケウス

DS

店頭デモ用
体験版ソフト
DS楽引辞典

DS

店頭デモ用
体験版ソフト
ディグダグ
ディギング
ストライク

DS

店頭デモ用
体験版ソフト
テトリスDS

DS

店頭デモ用体験版ソフト
New スーパーマリオ ブラザーズ

DS

店頭デモ用
体験版ソフト
nintendogs

DS

店頭デモ用
体験版ソフト
パックピクス

DS
[店頭デモ用
体験版ソフト
ポケモン
レンジャー]

DS
[店頭デモ用
体験版ソフト
マリオカートDS]

DS
[店頭デモ用
体験版ソフト
メテオス]

DS
[店頭デモ用
体験版ソフト
やわらか
あたま塾]

DS
[店頭デモ用
体験版ソフト
キャッチ!
タッチ!ヨッシー!]

DS
[店頭デモ用
体験版ソフト
NARUTO-ナルト-
最強忍者大結集3
for DS]

DS
[2005年12月
ダウンロード
サービス用ソフト]

このタイプの「店頭デモ用体験版」には、他にも以下のタイトルが存在するようです。
・店頭デモ用体験版ソフト スーパーマリオ64DS
・店頭デモ用体験版ソフト おいでよ どうぶつの森
・店頭デモ用体験版ソフト がんばれゴエモン 東海道中 大江戸天狗り返しの巻
・店頭デモ用体験版ソフト ポケモン不思議のダンジョン 青の救助隊
・店頭デモ用体験版ソフト ボンバーマン
・店頭デモ用体験版ソフト ポケモンダッシュ

この『スーパープリンセ
スピーチ』の体験版の
ように、パッケージが異
なるものもあります。

その他の店頭用非売品

DS
リズム天国
ゴールド
店頭試遊ソフト

協力：スペマRP

DS
New
スーパーマリオ
ブラザーズ
（店頭デモ用）

協力：GeeBee

展示用ジャケット

　販売店の店頭で、空のケースに入れて展示されていたダミージャケット。いわゆる「展示用ジャケット」です。ほとんどが市販品のDSソフトのジャケットと同じ絵柄ですが、表面の端っこや裏面のバーコード部分等に「SAMPLE」「ディスプレイ用」等と記載されていることが多いです。人気タイトルのジャケットだと、コレクター的にはなんとなく嬉しいです。

▶▶ カスタムビートバトル
　　ドラグレイド サンプル盤

　第27回の次世代ワールドホビーフェアで抽選会があり、当選者に配布されました。日時と会場は以下のとおりで、配布本数は不明です。
　2008年1月13日（京セラドーム大阪）、2008年1月19日〜20日（幕張メッセ）、2008年1月27日（名古屋ドーム）、2008年2月3日（福岡 Yahoo! JAPANドーム）
　裏面のバーコード部に「サンプル盤（非売品）」というシールが貼られているだけなので、見た目的には、店頭用ダミージャケットと同類に見えてしまいます。

3DS
バイオハザード
ザ・マーセナリーズ 3D
店頭用体験版

　3DSの店頭デモ用ソフトは、このほかにもいくつか存在するようですが、極めて入手困難です。また『Movie Player 店頭デモ用』というソフトも見たことがありますが、筆者は持っていません。

　3DSの体験版としては、『パズドラZ限定チャレンジ版』『同 コロコロ版』『実況パワフルプロ野球ヒーローズ次世代ワールドホビーフェア特別体験版』は一般向けに配布され、比較的よく見かけます。

協力：スペマRP

特殊な販売形態のもの

［得点力学習DSシリーズ］

●ベネッセコーポレーション　協力：GeeBee

　ベネッセコーポレーションが販売した学習用ソフトです。中学1～3年生向けと高校受験向けとがあり、教科書の改訂に合わせた改訂版も出ています。また、追加配信用ソフトも存在します。

　中学1～3年生向けのものは、学年ごとに「英数国パック」(中3は「英数国公民」)と「5教科パック」が用意されており、英語・数学・国語・理科の単体版もありました。

　このシリーズは大変数が多いため、タイトルなどの情報については、この項の末尾にまとめることとします。

中学の学年ごとのもののほか、「中学地理」「中学歴史」「中学公民」「中学実技4教科」なども揃っていました。

高校受験向けの方は、「5教科パック」と、英語・数学・国語・理科・社会の単体版があります。

こちらは小学生向けのものです。「4教科パーフェクトクリア」「漢字計算ニガテハンター」など、ゲーム的なパッケージが多くなっています。「要点」「中学英語先取り」など、中学校に向けて準備するためのものもいくつかありました。

体験版や非売品と書かれているものもありました。「中1英語 体験版」と「中1理科 中2理科 中3理科 中学地理 非売品」です。

配信追加用のソフトも存在します。この「高校受験5教科パック 配信追加ソフト」は激レアです。

●得点力学習DSシリーズ一覧 （提供：GeeBee）

タイトル	型番1	型番2
得点力学習DS 中1英数国パック (2008)	7AAP10	NTR-YXJJ-JPN
得点力学習DS 中1英語 (2008)	7AAE10	NTR-YXAJ-JPN
得点力学習DS 中1数学 (2008)	7AAM10	NTR-YXGJ-JPN
得点力学習DS 中1国語 (2008)	7AAJ10	NTR-YXDJ-JPN
得点力学習DS 中2英数国パック (2008)	7AAP20	NTR-YXKJ-JPN
得点力学習DS 中2英語 (2008)	7AAE20	NTR-YXBJ-JPN
得点力学習DS 中2数学 (2008)	7AAM20	NTR-YXHJ-JPN
得点力学習DS 中2国語 (2008)	7AAJ20	NTR-YXEJ-JPN
得点力学習DS 中3英数国公民パック (2008)	7AAP30	NTR-YXLJ-JPN
得点力学習DS 中3英語 (2008)	7AAE30	NTR-YXCJ-JPN
得点力学習DS 中3数学 (2008)	7AAM30	NTR-YXIJ-JPN
得点力学習DS 中3国語 (2008)	7AAJ30	NTR-YXFJ-JPN
得点力学習DS 中学地歴・理科パック (2008)	7AALS0	NTR-YXOJ-JPN
得点力学習DS 中学地理 (2008)	7AAC00	NTR-YXQJ-JPN
得点力学習DS 中学歴史 (2008)	7AAR00	NTR-YXPJ-JPN
得点力学習DS 中学公民 (2008)	7AAK00	NTR-YXSJ-JPN
得点力学習DS 中学理科1分野 (2008)	7AAL10	NTR-YXMJ-JPN
得点力学習DS 中学理科2分野 (2008)	7AAL20	NTR-YXNJ-JPN
得点力学習DS 中学実技4教科 (2008)	8AAF00	NTR-CX4J-JPN
得点力学習DS 高校受験 5教科パック (2008)	8AAPG0	NTR-CX2J-JPN
得点力学習DS 高校受験英語 (2008)	8AAEG0	NTR-CXZJ-JPN
得点力学習DS 高校受験数学 (2008)	8AAMG0	NTR-CXVJ-JPN
得点力学習DS 高校受験国語 (2008)	8AAJG0	NTR-CXYJ-JPN
得点力学習DS 高校受験社会 (2008)	8AASG0	NTR-CXWJ-JPN
得点力学習DS 高校受験理科 (2008)	8AALG0	NTR-CXXJ-JPN
得点力学習DS 中1 5教科パック (2012)	1DSP11	TSA-NTR-TQHJ-JPN
得点力学習DS 中1英語 (2012)	1DSE11	TSA-NTR-TQJJ-JPN
得点力学習DS 中1数学 (2012)	1DSM11	TSA-NTR-TQKJ-JPN
得点力学習DS 中1国語 (2012)	1DSJ11	NTR-YXDJ-JPN-1
得点力学習DS 中1理科 (2012)	1DSL11	TSA-NTR-TQLJ-JPN
得点力学習DS 中2 5教科パック (2012)	1DSP21	TSA-NTR-TQMJ-JPN
得点力学習DS 中2英語 (2012)	1DSE21	TSA-NTR-TQNJ-JPN
得点力学習DS 中2数学 (2012)	1DSM21	NTR-YXHJ-JPN-1
得点力学習DS 中2国語 (2012)	1DSJ21	NTR-YXEJ-JPN-1
得点力学習DS 中2理科 (2012)	1DSL21	TSA-NTR-TQDJ-JPN
得点力学習DS 中3 5教科パック (2012)	1DSP31	TSA-NTR-TQCJ-JPN
得点力学習DS 中3英語 (2012)	1DSE31	NTR-YXCJ-JPN-1
得点力学習DS 中3数学 (2012)	1DSM31	NTR-YXIJ-JPN-1
得点力学習DS 中3国語 (2012)	1DSJ31	NTR-YXFJ-JPN-1
得点力学習DS 中3理科 (2012)	1DSL31	TSA-NTR-TQBJ-JPN
得点力学習DS 中学地理 (2012)	1DSC01	TSA-NTR-TQFJ-JPN
得点力学習DS 中学歴史 (2012)	1DSR01	TSA-NTR-TQEJ-JPN
得点力学習DS 中学公民 (2012)	1DSK01	NTR-YXSJ-JPN-1
得点力学習DS 中学実技4教科 (2012)	1DSF01	TSA-NTR-TQAJ-JPN
得点力学習DS 高校受験 5教科パック (2012)	2DSPG1	TSA-NTR-TQ8J-JPN
得点力学習DS 高校受験英語 (2012)	2DSEG1	NTR-CXZJ-JPN-1
得点力学習DS 高校受験数学 (2012)	2DSMG1	NTR-CXVJ-JPN-1
得点力学習DS 高校受験国語 (2012)	2DSJG1	NTR-CXYJ-JPN-1
得点力学習DS 高校受験社会 (2012)	2DSSG1	NTR-CXWJ-JPN-1
得点力学習DS 高校受験理科 (2012)	2DSLG1	NTR-CXXJ-JPN-1
パーフェクト漢字計算マスターDS	15CL04-01	TSA-NTR-B4LJ-JPN
5年漢字計算 ニガテハンターDS	35CL01-01	TSA-NTR-TLXJ-JPN
4教科パーフェクトクリアDS	16CL04-01	TSA-NTR-B4QJ-JPN
4教科パーフェクトクリアDS 英語音声つき	26CL04-01	TSA-NTR-TPCJ-JPN
開講記念ソフト 得点力学習DS 小学校要点	7AAQ00	NTR-YXTJ-JPN
得点力学習DS 中学準備特別編 小学校4教科要点まとめ＋中学英語先取り	0AAQ00	TSA-NTR-B4UJ-JPN
中学準備 5教科カンペキDS 小学校6年分要点ココだけ！	2AAQ00	TSA-NTR-TACJ-JPN
中学準備 5教科カンペキDS 5教科要点ココだけ！	3AAQ00	TSA-NTR-TACJ-JPN-1
得点力学習DS 中1英語 <体験版>	7AAT04	NTR-TXUJ-JPN
得点力学習DS <非売品> 中1理科/中2理科/中3理科/中学地理	1DSXX1	TSA-NTR-TQGJ-JPN
パーフェクト漢字計算マスターDS 改訂版	25CL04-01	TSA-NTR-B4LJ-JPN-1

4教科パーフェクトクリアDS 英語音声つき	36CL04-01	TSA-NTR-TPCJ-JPN-1
開講記念ソフト得点力学習DS 小学校要点まとめ 4教科	9AAQ00	NTR-YXTJ-JPN-1
中学準備 5教科カンペキDS 中学英語先取り・小学校総まとめ	1AAQ00	TSA-NTR-TCJJ-JPN
中学準備 5教科カンペキDS 5教科要点ココだけ!	4AAQ00	TSA-NTR-TACJ-JPN-2
得点力学習DS 高校受験5教科パック 配信追加ソフト	20X15D-A	NTR-TQ9J-KPN

DS

［メディカ出版の医療教材用ソフト］

●メディカ出版

メディカ出版は医療教材用のDSソフトを出しており、以下の7種類があります。

・てきぱき救急急変トレーニングDS
・さくさく人工呼吸ケアトレーニングDS
・症候診断トレーニングDS
・すいすいフィジカルアセスメントトレーニングDS
・解剖生理学DS タッチでひろがる!人体の構造と機能
・病態生理DS イメージできる!疾患、症状とケア
・らくらく心電図トレーニングDS

これらは、いまでもAmazonなどで購入でき、それほど珍しいものではありません。ただし、店頭ではあまり見かけないソフトです。

▶▶ 一点集中型コレクターの世界 MOTHERの非売品グッズ編 番外編

幻の作品Nintendo64『MOTHER3』

寄稿：コアラ

2000年、N64用ソフトとして開発が進められていたMOTHER3の発売が中止となりました。元々MOTHER2開発当時から3の構想をしていたという糸井さんがMOTHER2発売後にスーパーファミコン用ソフトとして開発スタートさせたそうです。しかしながら1996年頃には当時製作が進められていた64DD専用ソフトとして方向転換し、最終的にはN64専用ソフトとなり2000年8月に発売中止が決定しました。

1999年に発表された情報によると、十二章のシナリオ・振動パック対応・2000年5月発売予定・発売価格6,800円。実はほとんど知られてはいませんが、拡張パック必須タイトルでもあります。

また、その間にも「キマイラの森」「奇怪生物の森」「豚王の最期」とサブタイトルの度重なる変更もあったようです。

ゲーム雑誌で開発中の進捗報告はされていたようですが一度もプレイヤーが遊べる機会がなく中止となったわけではなかったようで、1999年に開催された「任天堂スペースワールド'99」にて試遊台が設置されて一人10分程度のプレイが可能だったようです。更に当時プレイした方の情報によると、ゲーム内キャラクターにはスペースワールド専用のセリフも用意されていたようでした。

間違いなく日本のゲーム史においてTOPクラスに知名度が高い発売中止タイトルだと思われます。

DS

[テイクアウト！DSシリーズ1 鉄道データファイル 特別版]

●ディースリーパブリッシャー

デアゴスティーニの通販で、500個限定で発売されたものです。DS『テイクアウト！DSシリーズ1 鉄道データファイル』と「JR現役旅客型車両名鑑」がセットになっています。DSソフト自体は市販品と同じなので、本と分離してしまうとただの通常版になります。こういうものは残りにくいので、いざ探すとなかなか見つからず、コレクター泣かせです。

DS

[DS電撃文庫 for BOOK STORE版]

●メディアワークス

DSでライトノベルが読めるDS電撃文庫。このシリーズの、箱に「for BOOK STORE」の記載があるバージョンです。「アリソン」「いぬかみっ！」「イリヤの空」の3タイトルがあります。見た目は、同タイトルの「初回限定版」と極めて似通っています。

詳細な経緯は不明ですが、おそらく書店に置かれていたものではないかと推測しております。こういう微妙な違いが、コレクター的にはポイントなのです。

DS

[教えてEnglish バンドルパック]

●メディアファイブ

メディアファイブ社が発売した、DS用ソフトとTOEIC学習用のPCソフトのバンドルパックです。いまでも通販で購入できますが、店頭ではまず見かけません。以下の6種類があります。

・教えてEnglish TOEIC TEST 730
　＋ナナミの教えてEnglish DS
・教えてEnglish TOEIC TEST 600
　＋ナナミの教えてEnglish DS
・教えてEnglish TOEIC TEST 460
　＋ナナミの教えてEnglish DS
・教えてEnglish TOEIC TEST 730
　＋ナナミの教えて英文法 DS
・教えてEnglish TOEIC TEST 600
　＋ナナミの教えて英文法 DS
・教えてEnglish TOEIC TEST 460
　＋ナナミの教えて英文法 DS

メディアファイブ社からは他にも、各種資格試験の学習ソフトとDSソフトのセットがたくさん出ています。

カバー・ケース類

DSや3DSは、カバーやプレートで自分好みにカスタマイズできます。また、ケースなども流行しました。ここでは非売品や特殊なものを紹介していきます。

3DS
[闘会議2015オリジナルきせかえプレート]

「大乱闘スマッシュブラザーズ for Wii U 2on2 闘会議1DAYトーナメント」(2015年1月31日開催)の優勝者に、「Newニンテンドー3DS」本体とセットでプレゼントされたものです。

他にも、この手の優勝者向け商品はいくつかあるようです。当然ですが、どれも極めて数が少なく入手は極めて困難です。筆者はたまたまメルカリに出ていた本品を購入できましたが、本来は、やはり優勝されたご本人の方がお持ちなのが一番適切なのだろうと感じます。そういったゲーム愛好家としての良心みたいなものは理解しつつも、もし手に入れる機会があれば、自分のエゴを満足させるためについ欲しくなってしまうのがコレクターの（というか筆者の）サガだと思います。

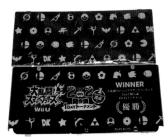

3DS
[ワンピース 超グランドバトル!X デザインきせかえプレート]

週刊少年ジャンプ（2015年3月9日号）の懸賞でNew3DS本体とセットで62名にプレゼントされました。Vジャンプでもプレゼントされたようです。

3DS
[ニンテンドー3DS LL専用カバー／カードポケット6（イオン40周年オリジナルデザイン）]

経緯がよく分かっていないのですが、イオン限定と思われるカバーとソフト収納ケースです。

3DS
[きせかえプレート ドコモ]

ドコモプレミアクラブでポイントを貯めて本体を交換すると付属してきたもののようです。

3DS
[夏キリン祭 プレゼントキャンペーン New 3DS LL オリジナルカバー]

2016年の夏キリン祭プレゼントキャンペーンで、New 3DS LL本体とオリジナルカバー・トートバッグ・クッションのセットが計300名（マリオコース150名、ポケモンコース150名）にプレゼントされました。そのマリオコースのほうのカバーです（ポケモンのほうは、筆者は未所持です）。

DS
［ANAオリジナル ニンテンドー DS Liteカバー（正式名称不明）］

2007年の「NIPPON 2 SPRING キャンペーン」で、3000名にプレゼントされたものです。対象プランで搭乗した人だけが申し込めるもので、期間は2007年4月1日〜6月30日、賞品は「ニンテンドーDS Lite ＋ ANA オリジナルご当地検定DS ソフト」。このうち『ANAオリジナル ご当地検定DS』は前巻で掲載しましたが、実は一緒にプレゼントされた非売品カバーが存在していたんですね。

DS
［ハードカバーDS Lite スーパーエッシャー展 限定バージョン］

2006年に渋谷のBunkamuraザ・ミュージアムで開催された「スーパーエッシャー展」では、ニンテンドーDS Liteをガイドに使うという試みがなされていました。その会場で販売されていたDS用カバーです。

ブリスターケースも残った完品状態のものは、ぜんぜん市場に出てこず、長年探してやっと手に入れました。

DS
［リラックマオリジナル ハードカバー］
●ロケットカンパニー

DS『直感！あそんでリラックマ』の特典として配布されたもののようです。

DS
［NARUTO 額当て型 DSカバー］
●タカラトミー

DS『NARUTO -ナルト- 最強忍者大結集4 DS』の早期購入特典で配布されたものです。

DS
［スクエニメンバーズ限定 伊藤龍馬デザインプロテクトケースDS］

DSに装着するプロテクトケースです。スクエニメンバーズのポイント交換でもらえました。スクエニメンバーズのポイント交換景品は、このほかにも色々あります。

DS
［ハードカバーDS ポケモンフェスタ2005限定バージョンカバー］

正確な経緯は確認できていないのですが、イベント会場で限定販売されたのではないかと推測されます。

DS
［ルパン三世 徳川の秘宝を追え 携帯用ゲーム機変装キット］
●HEIWA

パチンコ「ルパン三世 徳川の秘宝を追え」の販促で配られたもののようです。同じ頃にバンダイナムコゲームスから発売されたDS『ルパン三世 史上最大の頭脳戦』に「CRルパン三世 徳川の秘宝を追え」の攻略ヒントが隠されているようなので、何かDSに関連する販促があったのかもしれません。

DS
［DS専用 タユタマカバー］
●Lump of Sugar

コミックマーケット75で販売されたものです。『タユタマ』自体はPCのアダルトゲームで、DS向けには販売されていません。

［カルドセプトDS スペシャルホルダー］

　「『カルドセプトDS』発売記念 公式全国大会 ALL JAPAN CEPTER'S CUP 2008」において、入賞者向けに配布された景品です。DS Lite本体が収納できるホルダーなのですが、馬具メーカー「ソメスサドル」製の本革製品で、かなり本格的な作りです。カルドセプト10周年記念ロゴが刻印されています。

3DS
［エメマンジャージ型 3DS専用ケース］

　2011年の「ジョージア特注品プレゼント」キャンペーンで、3DS本体とともにプレゼントされました。本体は市販のアクアブルーと同じで、付属のケースが非売品です。ジャージ型で、ケース単体で見るとゲーム関連グッズには見えません。

3DS
［東方神起／少女時代 3DS用ケース］

　「セブン-イレブン フェア 東方神起／少女時代」（2011年7月）で、「3DS本体＋東方神起／少女時代オリジナルケース」が500名（各250名）プレゼントされました。3DS本体はおそらく普通のものと思われ、ケースが非売品です。

DS
［ギガバト！2 特製新世界編 チョッパーポーチ］

　DS『ワンピース ギガントバトル！2 新世界』発売時のクラブニンテンドーとの共同キャンペーンで、621（ルフィ）名にプレゼントされました。配布数で見ればレアなのですが、こちらもよく安値で見かけます。

DS
［明治製菓オリジナル DSケース］

　明治製菓の抽選でプレゼントされたと思われるDS用ケースです。立派な箱に入っていますが、DS本体は普通の市販品で、非売品なのは赤いケースのほうです。

3DS
［γ-ガンマ- 3DS LL用オリジナルポーチ］

　コミックス「γ-ガンマ-」第1巻発売時のキャンペーンで、30名にプレゼントされました。これも単体だとゲーム用には見えませんが、コミックスの帯に「3DS LL用」と明記されています。

3DS
［きのこの山・たけのこの里 ニンテンドー3DSオリジナルポーチ］

　明治製菓の「きのこの山・たけのこの里×スーパーマリオ プレゼントキャンペーン」（期間：2012年11月20日〜2013年3月28日）でプレゼントされたものです。対象商品を購入して、キャンペーンサイトで応募する形式でした。「きのこの山」と「たけのこの里」の2バージョンが、各々500名にプレゼントされました。

DS
［加藤夏希DSケース］

　週刊ファミ通増刊の「オトナファミ 2007SPRING」誌上の抽選で3名に、加藤夏希さんのサイン入りニンテンドーDSポーチがプレゼントされました。こうした有名人のサイン入りゲーム機本体は色々ありますが、真贋判定が難しく、中古市場では値段が付けづらいです。

さまざまな非売品ケース

非売品の収納ケースは、DS／3DS以外でも存在します。ここではいくつかをまとめて紹介しましょう。

GBA
［ボクタイ特製カンオケース］
●コナミ

GBA『ボクらの太陽』の特典で配布されたものだと思われます。珍しいタイプの形状です。

GBA
［テイルズ オブ ザ ワールド なりきりダンジョン2 オリジナルケース］
●ナムコ

「テイルズ オブ ザ ワールド なりきりダンジョン2 なりきりキャンペーン」の抽選でプレゼントされました。

PSP
［S.C.NANA NET シリコンケース］

水樹奈々さんの公式ファンクラブ「S.C.NANA NET」のPSP用シリコンケースです。

PSP
［Mellow Prettyイベント 2010 PSPシール＆ポーチセット］

田村ゆかりさんのファンクラブイベント関連と思われるものです。

PSP
［ぱにぽに10周年記念 特製ゲーム機ケース］

コミックス「ぱにぽに」の16巻発売時に、50名にプレゼントされました。

PSP
［H.C.栃木日光 アイスバックス PSPケース］

アイスホッケーチーム「H.C.栃木日光アイスバックス」のロゴが入ったPSPケースです。試合会場で販売されたものと推測しております。

Vita
［ワンピースポーチ］

劇場版「ONE PIECE FILM GOLD」と白十字がコラボした、「白十字「キズ処置シリーズ」対象『ONE PIECE FILM GOLD』」キャンペーン（期間：2016年6月1日〜2016年8月31日）で、抽選で10名に、PS Vitaグレイシャーホワイトと、オリジナル限定デザインポーチがプレゼントされました。対象商品を買ってバーコードを必要枚数分集めて応募する形式です。本体は市販品と一緒で、ポーチが非売品。10名にしか配布されなかった激レアな一品です（他でもプレゼントされた可能性はあります）。しかしこれもまた、高値は付かないと思われます。

電子ゲーム・小型機器の非売品

非売品ゲームというと、FCやGBなど「いわゆるゲーム機」のソフトを想像すると思います。しかし、電子ゲームや電卓などの非売品ゲームも存在します。これらは明確な市場が無いためひっそりと出て、そのまま消えていくことが多いジャンルです。

BMW×PAC-MAN レトロ・アーケード・ゲーム

パックマン40周年の2020年に、BMW社がパックマンとのコラボで「ニューBMW 2シリーズ グラン クーペ GAME CHANGER! キャンペーン」を実施しました（期間：2020年3月14日〜2020年6月30日）。

そのキャンペーンの賞品は、A賞が「ニューBMW 2シリーズ グラン クーペ モニター旅行」、B賞が「BMW×PAC-MAN スペシャル・コラボレーション・グッズ」で、「BMW×PAC-MAN コラボレーション・ポロシャツ」（Sサイズ：10名、Mサイズ：30名、Lサイズ：10名）、「BMW×PAC-MAN コラボレーション・キャップ（XS-Sサイズ：30名、M-Lサイズ：20名）」、「BMW×PAC-MAN レトロ・アーケード・ゲーム（50名）」でした。

その賞品の「BMW×PAC-MAN レトロ・アーケード・ゲーム」です。dreamGEAR社のコンパクト筐体型ゲーム機「レトロアーケード」の非売品版で、筆者的には非常にツボでした。

こちらは賞品のポロシャツ（Lサイズ）とキャップ（X-Sサイズ）です。

このコラボでは色々と配ったようで、ステッカーやメモ帳もあります。

同種の懸賞品と思われる「パックマン AirPodsケース」。よく見るとBMWのマークと、「NOT FOR SALE」のシールが貼られています。

F-ZERO X オリジナル ミニ電卓

N64の超名作『F-ZERO X』で、アンケートハガキを送ると抽選で300名にプレゼントされました。これ以外にもイベント等で、ちょこちょこ配っていたようなので、実際の配布数は、もっと多いと思われます。

ただ、非常に小さい上に、任天堂らしからぬチープなつくりでコレクションのし甲斐が無く、ほっておくと絶滅してしまいそうな一品です。

高橋名人の突撃わんぱく城 ポケットカメラ

正式な情報が見つかりませんが、カネボウのフーセンガムの景品と思われます。「高橋名人」と冠されており、ファミコン少年ならビビッと来る一品ですが、通常版と並べてみても明確な違いはありません。おそらくは、賞品名に高橋名人と付しただけだと思われます。

チキンラーメン40周年記念
育成散歩計てくてくエンジェル ひよこちゃん

ハドソンの「育成散歩計てくてくエンジェル」の非売品バージョンです。日清食品の「ありがとう！ひよこの恩返しWプレゼント」キャンペーン（1998年8月1日～10月31日）で、1万名にプレゼントされました。

雪国もやしッコ

雪国まいたけの「雪国もやし『高い秘密2008』Wキャンペーン」（2008年1月28日～同年3月31日）で、500名にプレゼントされたものです。

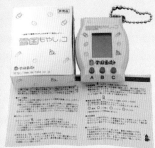

その他の非売品電子ゲーム

キャンペーンなどで配布された電子ゲームはかなりの数があり、コンプリートするのは無理な世界だと思われます。一見、ゲームとは関係なさそうな食品系の企業のものが多い印象です。

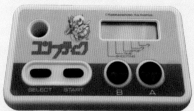

コンプティーク シュウォッチ。ファミコン少年みんな大好きなシュウォッチにも、懸賞等で配られた非売品バージョンが色々と存在します。筆者は1つしか持っていませんが。

スポーツトロン。コカ・コーラの懸賞で配布されたテレビゲーム。

カラーテレビゲーム6 ハウスシャンメン。任天堂のカラーテレビゲーム6の特別版。

LOTTE FISHING CARD GAME

伊藤ハム
ミサイル
ベーダー

CLUB DYDO ファミコンコントローラー型電卓

スーパー
ドンキーコング
撮りっきりコニカ
もっとMini

液晶ゲーム付鉄矢くん

生茶パンダ
ゲーム

ドラえもん Wゲーム手帳

ドラえもん スペースメジャー

ロッテ レーザーバトル電子手帳II

日清SPA王
深田恭子オリジナルe-kara

JAL オリジナルたまごっち

コカ・コーラ カシオ ゲーム電卓

一点集中型コレクターの世界
カートンダンボール

協力：市長queen

例えばFCソフトを集める場合、最初は安い裸カセットだけ集め、そのうち箱説付きが欲しくなって、バージョン違いとかこだわり始めて…と、だんだん深みに進んでいくパターンがあります。そんな重度のコレクターが、さらに踏み込んでしまった世界として、ダンボールがあります。なに言ってるんだと思われるかもしれませんが、販売用のゲームソフトが入っていた流通用のカートンダンボール箱のことです。

カートンダンボールは廃棄してしまうものなので現存数が少なく、市場がなく集めるのは至難。その上、サイズが大きいため保管も大変というイバラの道です。しかし世の中には、これを集めているツワモノもおられます。スクウェアグッズコレクターの市長queenさんもその一人。自分だけの価値観で自分だけの道を行くのがコレクターの醍醐味だと思います。ダンボールコレクターは、そんなコレクターの醍醐味を体現していると言えるでしょう。

（じろのすけ）

SFC各タイトルのカートンダンボール。それぞれにロゴなどがあしらわれ、並べると壮観です。

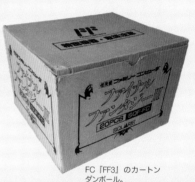

FC『FF3』のカートンダンボール。

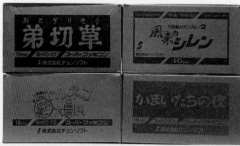

SFCのチュンソフト4タイトルのカートンダンボール。

FCのスクウェア作品のカートンダンボール。

こちらは筆者所有の『マリオカート64サンプル品』のダンボール箱です。空の状態で入手したため推測になりますが、おそらく実演用サンプルのソフトが入っていたものと思われます。

GB『Sa・Ga』シリーズのカートンダンボール。

●市長queenのサイト「デスクイーン市 -Death Queen City-」
（http://deathqueencity.site/）

3

セガ

編

セガからは、セガ・マスターシステム、メガドライブ、セガサターン、ドリームキャストなど、数多くの家庭用ゲーム機が発売されました。これらセガハードは熱狂的なファンに支持されており、セガ系ゲームのコレクターもとことん極めるタイプの方が多いように感じます。ここでは、セガを愛するコレクターの方々に協力していただき、各機種の非売品や体験版を紹介します。

SMS

SMS
[ゲームでチェック！交通安全]

●東京海上火災保険　協力：Ucchii

　その名の通り交通安全教育用のソフトで、東京海上火災保険がセガと共同開発したものです。地域の自治会や子供会向けに、本体とセットで貸し出していたようです。ジュラルミンケースに、本体、ソフト、説明書がセットで入っています。

　このタイトルは、博物館に直行してもおかしくないレベルのレアなソフトです。筆者は、過去3回、このソフトを市場で確認しており、うち1回はソフトのみ、残り2回はケース入りの状態でした。ケース入りのものは、2019年にヤフオクに出品され、落札金額は521,000円。筆者は次点入札者でした。

　その後、ケース入りのものがもう1つ、別のサイトで同じぐらいの値段で売りに出て、国内屈指のセガコレクターさんが購入されていました。

協力：Ucchii

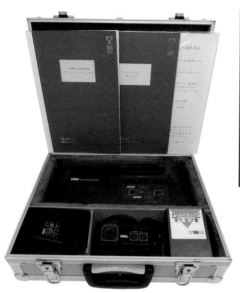

ジュラルミンケースの中に、ソフト、説明書、本体が入っています。（協力：Ucchii）

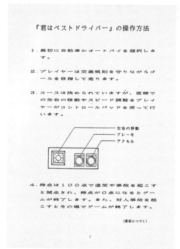

『君はベストドライバー』の操作方法

1. 最初に自動車かオートバイを選択します。

2. プレイヤーは交通規則を守りながらゴールを目指して走ります。

3. コースは決められていますが、直線での左右の移動やスピード調整をプレイヤーがコントロールパッドを使って行います。

左右の移動
ブレーキ
アクセル

4. 得点は１００点で違反や事故を起こすと減点され、得点が０点になるとゲームが終了します。また、対人事故を起こすとその場でゲームが終了します。

（裏面につづく）

1

「君はベストドライバー」「ピョンきちアドベンチャー」等のゲームが収録されています。
（協力：Ucchii）

THE TOKIO MARINE
AND FIRE INSURANCE CO.,LTD.

起動すると、ゲーム選択のメニューが表示されます。それぞれ、交通安全を学んだり訓練したりするための内容になっています。
（協力：Ucchii）

ドライビングセンステスト　協力：Ucchii

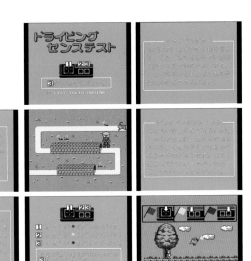

きみはベストドライバー　協力：Ucchii

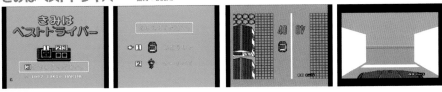

ピョンきちアドベンチャー　協力：Ucchii

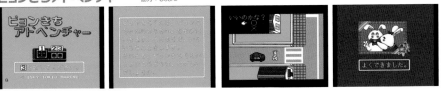

▶▶ CGCホームテレビゲーム

　配布の経緯は不明なのですが、
「SG-1000II」本体で、ロゴ部分が
「CGCホームテレビゲーム」に代
わっているバージョンです。おそ
らく何かのプレゼントだと思われ
ます。

MD
通信用ソフト

メガドライブ（以下「MD」）には、電話回線を通じてオンライン取引をするためのソフトがいくつかあります。FCでも似たようなものがありますが、MDのものは格段に珍しく、完品は国宝レベルです。前巻でソフトのみ掲載した『メガアンサー』『大阪銀行のホームバンキングサービス・マイライン』についても、改めて完品で掲載します。

MD
［メガアンサー］
●セガ

協力：Ucchii

MD
［大阪銀行の
ホームバンキング
サービス・マイライン］
●大阪銀行

協力：Ucchii

『大阪銀行のホームバンキングサービス・マイライン 大阪銀行オフライン専用』という別バージョンのソフトも存在します。
（協力：Ucchii）

MD
［セガチャンネル専用 レシーバーカートリッジ］
●セガ

当時、ケーブルTVでMDのゲームソフトを配信するサービスがあり、それを受信して遊ぶためのソフトです。

加入者向けに送付されたと思われる説明書も存在します。

協力：Ucchii

加入者に送られたと思われる、セガチャンネル版『豪血寺一族』の説明書など。

ワンダーメガ関連

MD
［ワンダーMIDIコレクション（メガCD版）］
●日本ビクター

「ワンダーメガ」（MDとメガCDが一体になったハード）専用ソフトの『ワンダーMIDI』は、前巻に掲載しましたが、そのメガCD版です。同じくMIDIデータの再生や編集ができるようです。

協力：Ucchii

MD
［ワンダーメガコレクション］
●日本ビクター

「ワンダーメガ」に付属していたメガCDソフトです。

メガCDの体験版

メガCDにも、多数の体験版ソフトが存在します。体験版の中でもかなり古い部類に入るので、あまり市場に出てきませんが、人気もあまりないので、安く入手できることもあります。

ソニック・ザ・ヘッジホッグCD

シルフィード

ルナ エターナルブルー

慶応遊撃隊

ぽっぷるメイル

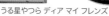
うる星やつら ディア マイ フレンズ

サンダーホーク

夢見館の物語

ナイト トラップ

ヘブンリー シンフォニー

マイクロコズム

MD非公式カートリッジ

最近はレトロゲーム機対応ソフトを作ろうとする動きが活発で、国内・海外の両方で、多数出ています。2023年現在でも多数出続けており、もはや筆者も追い切れていませんが、気軽にMDの新作を楽しめる良い時代になったと感じます。

ダライアス

グレイランサー

マッドストーカー

ピエアーソーラーと偉大なる建築家（海外）
Xbox One版のダウンロード販売ページでは『ピアソーラーと偉大なる建築家』となっていました。

▶▶ メガドライブの非公式アダルトソフト

こちらの『ディヴァイン・シーリング』と『元祖究極ギャル6人アドベンチャー麻雀！ダイヤルQをまわせ！』は、当時、セガの許諾無しで作られた、いわゆるアダルト系のゲームソフトです。

GG

GG

［カーライセンス］

●三菱化学・ナユタ　協力：GeeBee

　自動車免許の学習ができるゲームギア（以下「GG」）用ソフトです。前巻にも掲載しましたが、あらためて箱・説明書付きの完品状態で掲載します。

　箱には「学科自習カラーシステム〈カーライセンス〉」とあり、ソフトには「学科自習システム カーライセンス」と書かれています。正式名称が「学科自習カラーシステム」なのか「学科自習システム」なのか、気になるところです。

GG

［ベアナックルII デモ用サンプル］

　GGソフトのデモ用体験版です。
　前巻では『ソニック＆テイルス 実演用サンプル』と『ソニックドリフト デモ用サンプル』を掲載しました。最近、『ベア・ナックルII デモ用サンプル』を入手したので、追加で掲載します。この他、『ミッキーマウスの魔法のクリスタル デモ用サンプル』も見たことがあります。

SS

筆者はセガサターン（以下「SS」）が大好きです。発売当初、濃い灰色の本体を購入し、青春時代をSSと共に過ごしました（社会人になってからプレイステーション（以下「PS」）も買いました）。今でもSSソフトを見ると心がざわめきます。

その非売品ソフトですが、主なものは一通り前巻に掲載済です。そこで今回は、体験版やデモ版などを中心に掲載します。SS用の体験版ソフトは、簡素な見た目のものが多く、その無骨さもいいのです。

筆者が集めてきた経験上、比較的レアなのではなかろうかと思えるものを掲載します。

セガサターンの体験版・デモ版

ストリートファイターZERO2

ストリートファイターコレクション

ルナ シルバースターストーリー

プリンセスメーカー

悠久幻想曲

首領蜂

怒首領蜂

戦国ブレード

ゆみみみっくす

GAIA BREEDER

キング・オブ・ボクシング

スチームギア マッシュ

ダークセイバー

バーチャコールS

はるかぜ戦隊Vフォース

ブルーシカゴブルース

ボディスペシャル264

メッセージ・ナビ

わくわく7

雀帝

麻雀海岸物語

羅媚斗

ⓈⓈ [セガ・ホームページ デモ]

●セガ

SSには専用のモデムがあり、インターネットに接続できました。こちらは、そのデモ用に作成されたと思われるソフトです。無地のCD-ROMに「セガ・ホームページ デモ」というテープが貼ってあります。開発用ディスクっぽく見えますが、市販のSS本体で起動できます。

起動すると「SEGAホームページのすべて 体験版」という画面が表示され、その後、セガのHPと思われるサイトが出てきます。データはすべてCD-ROM内に格納されているようで、ネットに繋いでなくても閲覧可能です。まさにその名の通り「ホームページ体験版」です。

当時のインターネットは読み込みが遅く、文字や画像がじわじわ表示されていました。このソフトも、同じ見せ方をしてくれます。各画像パーツが、時間をかけて現れてきます。なんとこのソフト、当時の読み込みの遅さも体感させてくれるのです。

なお他のSS通信用ソフト（前巻掲載の『スペシャルディスク Withセガサターンインターネット２』『ぷららグリーンディスク』）も、起動するとHPのようなものが見られ、やはり表示は遅いです。どうやら、こういう共通仕様のようです。

開発用ソフト

開発用ソフトと思われるソフトです。ゲーム開発についての知識が無いので、あまりよく分かっていません。宝の持ち腐れで申し訳ない限りですが、コレクター的には貴重な品々です。

キャンペーンの告知やリクルートページなどのコンテンツがありました。

収録コンテンツの中でも特に目を引くのが「セガ・バーチャルOB訪問」です。個人情報満載な内容なので掲載は控えますが、当時のセガの状況が伺い知れます。

同じくHPのようなものが見られる『ぷららグリーンディスク』。

▶▶金のセガサターン＆モデム

SSのXBAND加入者向けに開催された『デカスリート FOR SEGANET』のゲーム大会「スーパーネット陸上」（1997年開催）において、優勝者には、特製金セガサターン＆金モデム、金メダル。準優勝者には同じものの銀、３位には同じものの銅がプレゼントされたようです。SS愛好家にとっては憧れの品々です。（協力：ナポりたん）。

SS [アイフルホーム PR]

SSの非売品ソフト『オレゴン＆ベーシック Welcome to アイフルホーム』は、前巻で紹介しましたが、そのサンプル版と思われるソフトです。元のソフトもデモ用なので、デモ用ソフトのサンプル版という二重表現みたいな属性のソフトです。

無地のCD-ROMに「アイフルホーム」というテープが貼ってあり、開発用ディスクに見えますが、こちらも通常のSS本体で起動しました。

こちらは非売品の『オレゴン＆ベーシック Welcome to アイフルホーム』。

非売品のグッズ類

ゲームの販促では、色々なグッズが制作されることがあります。「抽選で〇〇名にプレゼント！」といったキャンペーンも、よく開催されていました。ここでは、そうしたSSの非売品グッズから、筆者の心の琴線に触れたものを、いくつか紹介します。

SS [カルドセプト・プレミアム・カードゲーム]

SS『カルドセプト』発売時のキャンペーンで、500名にプレゼント。ソフト同梱のハガキで申し込めました。右は、PS『カルドセプト』発売時に制作されたと思われるカードゲームです。

SS [パンツァードラグーン マグカップ]

SS『パンツァードラグーン ツヴァイ』発売時に制作され、くじでプレゼントされるなど、いくつかの配布経路があったように見受けられます。

SS [慶応遊撃隊ビデオ]

コレクターの間でもほぼノーマークながらも、じわじわと人気が出そう（な気がしている）のが、非売品ビデオです。この『慶応遊撃隊活劇編未収録シーン入り特別ビデオ』は、SS『慶応遊撃隊 活劇編』のアンケートハガキを送ると抽選で800名にプレゼントされました。

SS [だいなウォッチ]

SS『だいなあいらん 予告編』と『だいなあいらん』を両方購入して応募するともらえました。

SS [アイドル麻雀ファイナルロマンスR プレミアムパッケージ ジグソーパズル]

SS『アイドル麻雀ファイナルロマンスR プレミアムパッケージ』の帯にキャンペーンの記載があり、抽選で500名にプレゼントされました。

DC

寄稿：大塚祐一

国内外で根強い人気を保つドリームキャスト（以下「DC」）。その非売品ソフトは、非常に幅広い上に入手困難なものが多く、筆者は収集はなかば諦めています。そこで前巻に続き、DCをとことん集め続けるコレクターである大塚祐一さんに、非売品ソフトを紹介していただきます。　　　　　　　　　　　　（じろのすけ）

体験版

セガ

DC ソニックアドベンチャー 体験版
セガラリー2 体験版

ドリームキャストパートナーショップで有料でレンタルできた「ドリームキャスト体験キット」に付属していたソフト。最低100セットは配布されたようだがキャンペーン（1999年3月25日～5月31日）終了後に返却する必要があったため現存数が少ない。

『セガラリー2 体験版』はTSUTAYAで無料レンタルされていたのが確認できているが、『ソニックアドベンチャー 体験版』に関しては不明。

DC ソニックアドベンチャー
プロモーションディスク

ショップ向けのムービーディスク。DC本体にセットしておくとPVが流れ続ける。店舗に配布されたため数は多い。ちなみにゲームショップ向けの非売品ソフトは展示什器での使用を想定しており、この什器は85,000円（送料別）と高額だった。メーカーから送られてくる店頭用体験版を含む販促物も、この什器で使用しやすいものが多かった。

DC ソニックアドベンチャー2
体験版

ゲームショップ店頭用体験版。『ファンタシースターオンライン 初回限定版』に付属の同作体験版とは仕様が異なる。こちらはソニックとシャドウの2人の主人公から選べ、各1コースが遊べる。ゲーム終了時にはPVが流れる。

DC サクラ大戦3
ムービーディスク

『サクラ大戦 キネマトロン 花組メール』に付属した他、DC本体「サクラ大戦 Dreamcast for Internet」にも付いていたムービーディスク。オープニングムービーと新作映像発表会の様子が見られる。

DC サクラ大戦3~巴里は燃えているか~
店頭用デモムービー

ゲームショップ向けのムービーディスクでオープニングムービーと本編のPVがループして流れる。セガがハード事業撤退後のタイトルだが、人気作と言うこともあり、今でもよく見かける非売品ソフト。

DC サクラ大戦4 ~恋せよ乙女~
店頭用デモムービー

ゲームショップ向けのムービーディスクで、一部抜粋のオープニングムービーと本編のPVがループして流れる。OPの「檄!帝国華撃団」は大神一郎こと陶山章央氏がメインで歌っているが、このデモムービーでは残念なことにその声を聞くことはできない。

[**DC** ゲットバス 体験版]

ゲームショップ店頭用体験版。体験版配布時に、不具合があると言う紙も付いてきた。つりコントローラに対応している。

[**DC** あつまれ!ぐるぐる温泉 体験版]

ゲームショップ店頭用体験版。ネットには繋げられないものの、トランプ、麻雀、将棋、占いの4種類のゲームが遊べる。

[**DC** あつまれ!ぐるぐる温泉 体験版(TSUTAYA版)]

TSUTAYAで無料レンタルできた体験版。型番が店頭用体験版と違い、こちらにはパッケージが付いている。なお内容はどちらも同じ。

[**DC** ジェットセットラジオ 体験版]

ゲームショップ店頭用体験版。ゲーム開始時にDJのプロフェッサーKが、「これは特別な体験版だ!」と紹介してくれる。2ステージ選べ、片方をクリアするとゲーム終了。終了時にプロフェッサーKが「本編でまた会おう!それまで自宅のドリームキャストを磨いておけ!」とメッセージをくれる。

[**DC** ジェットセットラジオ 体験版(TSUTAYA版)]

TSUTAYAで無料レンタル出来た体験版。違いはジャケットのみで、内容は同様。

[**DC** パワースマッシュ 体験版]

ゲームショップ店頭用体験版。シングルスとダブルスで遊べるが、難易度がかなり低く、1ゲーム取ると終了となる。

[**DC** パワースマッシュ 体験版 (Dreamcast Direct)]

2000年10月26日から「Dreamcast Direct」でゲームソフトを購入した人におまけとして付属していたソフトで1,000本限定。ゲームショップ店頭用体験版との違いはディスクのデザインのみ。

[**DC** パワースマッシュ2 体験版]

ゲームショップ店頭用体験版。前作の体験版と違い2セット先に取った方が勝利となる一般的なルールで遊べるようになったためプレイ出来る時間も長く、勝利し次の対戦相手になるごとに相手が強くなるので体験版でありながらやり応えがある。『2』からの追加要素である女性選手も選択可能。

[**DC** ダビつく ～ダービー馬をつくろう!～ 体験版]

2000年6月23日から「Dreamcast Direct」でゲームソフトを購入した人におまけとして付属していたソフトで1,000本限定。数は少なくないが、配布方法が特殊なため、あまり見かけない体験版。

DC スーパーランナバウト 体験版

ゲームショップ店頭用体験版。ディスク上に「現実世界でこのゲームのような暴走行為をしないように…」と注意文が書かれている。このディスクデザインは体験版のみで、遊び心がある。

ミッションとタイムアタックの２つのコースで遊べる内容。体験版のため「車の挙動」や「ポリゴンの描画」が製品版とは違っている。

DC スーパーランナバウト 体験版（東京ゲームショウ2000春）

内容は店頭用体験版と同じ。東京ゲームショウ2000春のセガブースで配布されたもの。ビニールケースに入っており、首に掛けられる。

DC 熱闘ゴルフ 体験版

ゲームショップ店頭用体験版。３名のキャラが使え、２コースで遊べる。プロゴルファー猿で登場した地獄谷を再現した地獄谷コースも選択可能。

DC 熱闘ゴルフ お試し用サンプルディスク付き

東京ゲームショウ2000春のセガブースで配布。厚紙の中にディスクが裸のまま挟まれている。内容はゲームショップ店頭用体験版と同じ。

本作は「ちょーハマるゴルフ」と言うタイトルでハード発売前に発表されていたが、東京ゲームショウ1999秋でキャラクターデザインに故・藤子不二雄Ⓐ氏の担当が発表され、タイトルも変更。プロゴルファー猿の要素を含んだゲームとなった。

DC エターナルアルカディア 〜空族版〜

東京ゲームショウ2000春のセガブースで配布されたもの。他にも配布方法があったようだが詳細不明。なお、東京ゲームショウ1999秋ではこのタイトルのクリアファイルが配布された。

DC エターナルアルカディア 店頭用デモムービー

ゲームショップ向けのムービーディスクで、約５分のPVがループする。ヴァイスとアイカのキスシーン等ストーリーの重要なシーンも多く使われており、むしろゲームクリア後に見たいと思ってしまう。

DC エターナルアルカディア @barai版 ファミ通付録

週刊ファミ通2000年10月20日号に付属。内容は製品版の@barai版と同じだが型番は違う。

『エターナルアルカディア @barai版』は販売されたものやファミ通の付録以外にもインターネット上でプレゼントキャンペーンも行なっており、当時のセガは@barai（後払い）を普及させたかったようだ。

DC デイトナUSA 2001 体験版

ゲームショップ店頭用体験版。シングルレースとタイムアタックの２種類で遊べる。

[DC ダイナマイト刑事2 体験版]

　ゲームショップ店頭用体験版。製品版におまけとして収録されている『トランキライザーガン』も、1分だけ遊ぶことができる。ゲーム終了時にPVが流れる仕様。TSUTAYAで無料レンタルもされていた。

[DC ファンタシースターオンライン ネットワークトライアルエディション]

　「Dreamcast Direct」で『ファンタシースターオンライン』を予約した人に無料送付された体験版。検証も兼ねているためかオフラインでは遊べない

　起動すると中祐司氏から「開発途中のバージョンであり、あなたも開発スタッフの一員であるという自覚を持ち、内容を決して口外しないよう切にお願いします。」と注意が促される。なお、このトライアルを遊んだユーザーがブロードバンドアダプタを買い求め、一時品薄になった経緯がある。

[DC ファンタシースターオンライン 店頭用デモムービー]

　ゲームショップ向けのムービーディスクでオープニングテーマの「The whole new world」をBGMに約8分のPVがループする。パッケージやディスク上には書かれていないが、『PSO』のPVが終わると『サンバDEアミーゴVer.2000』のPVも流れる。

[DC サンバ DE アミーゴ 体験版]

　ゲームショップ店頭用体験版。体験版でもマラカスコントローラが使用可能。

　ちなみにDC版は、アーケード版で遊べたリッキー・マーティンの「LIVIN' LA VIDA LOCA」と「THE CUP OF LIFE」が未収録。ギリギリまで権利所有会社の「Sony Music Entertainment」と交渉したそうだが許可は下りなかった。体験版でももちろん未収録。ただし「サンバDEアミーゴVer.2000」では収録されている。

[DC チューーチューロケット 体験版]

　ゲームショップ店頭用体験版。体験版ながら、コントローラが4つあれば4人で遊べ、パズルステージも25問プレイできる。オプションやネットワークこそ選べないもののかなりのボリューム。

[DC ISAO プロモーションディスク by SEAMAN]

　ゲームショップ店頭で、株式会社ISAOをシーマンが紹介するムービーディスク。なお、ドリームキャストの日時を2000年に設定していないと紹介が始まらない。

　マイクを使用せず、「そっちから話しかけられないけど楽しんでくれ」とシーマンが一方的に喋りかけてくる仕様だ。

カプコン

[DC パワーストーン 店頭体験版]

　ゲームショップ店頭用体験版。アーケードモードのみ選択可能で、2名のキャラを選ぶことができる。1ステージクリアすると終了だが、パワーストーンらしい派手な演出は十分堪能出来る。

[DC パワーストーン2 店頭用デモムービー]

　ゲームショップ向けのムービーディスクで、約3分のPVがループする。このタイトルはVMを使ってアーケード版と連動できるのも売りで、VMを挿したコントローラをゲームセンターに持っていく必要があった。このPVでは、その様子も見ることができる。

DC MARVEL VS. CAPCOM CLASH OF SUPER HEROES 店頭体験版

ゲームショップ店頭用体験版。アーケードモードしか遊べないが、全てのキャラが使用可能（隠しキャラは使用不可）。1ステージクリアすると終了となるものの、キャラが全て使えるため、十分以上に遊べる体験版。

DC MARVEL VS. CAPCOM 2 NEW AGE OF HEROES 店頭体験版

ゲームショップ店頭用体験版。アーケードモードしか遊べない。前作とは違い、今作オリジナルキャラを含む5名しか使用できない。1ステージクリアすると終了だが、楽しさを伝えるのには十分。

DC ギガウイング 店頭体験版

ゲームショップ店頭用体験版。アーケードとスコアアタックが選択可能。両方ともステージ1のみだが、全キャラ使用でき、開始前の演出等も製品版同様。

DC ギガウイング2 店頭体験版

ゲームショップ店頭用体験版。アーケードとスコアアタックが選択可能。ステージ1のみだが全キャラ使用でき、コントローラを4つ接続すれば製品版同様4人同時プレイも可能。写真ではわかりにくいが、リミに「店頭用体験版ですよ」と喋らせているディスクデザインが非常に良い。

DC 超鋼戦紀キカイオー 体験版

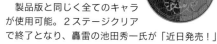

ゲームショップ店頭用体験版。体験版でありながらオープニングアニメも付いている。ストーリーモードと対戦が選択可能。

製品版と同じく全てのキャラが使用可能。2ステージクリアで終了となり、轟雷の池田秀一氏が「近日発売！」と宣伝をしてくれる。

ちなみに体験版だからといって移植の際に修正されたストーリーモードの例の画像が残っている…ということはなかった（確認した）。

DC スターグラディエイター2 ナイトメア・オブ・ビルシュタイン 店頭体験版

ゲームショップ店頭用体験版。アーケードモードしか遊べないが、製品版と同じく全てのキャラが使用可能。1ステージクリアすると終了だが、かなり遊べる内容。

DC ストリートファイターIII ダブルインパクト 店頭体験版

ゲームショップ店頭用体験版。「NEW GENERATION」「2nd IMPACT -GIANT ATTACK-」のどちらも選択可能。全キャラ使用できるが、1ステージクリアすると終了となる。

DC ストリートファイターZERO3 サイキョー流道場 店頭体験版

ゲームショップ店頭用体験版。アーケードモード、ワールドツアー、ドラマティックモードはもちろんネットワークに繋がっていればサイキョー流道場も遊べた。ただしショップ向けの体験版＋VMが必須のため、どれだけこの体験版を使ってネットワークで遊ばれたのかは不明。

このタイトルも全キャラ使用でき、5ステージ以上遊べる大盤振る舞いな体験版。

DC ジョジョの奇妙な冒険 未来への遺産 店頭体験版

ゲームショップ店頭体験版。1作目のみプレイ可能で「未来への遺産」は選択出来ない。1ステージクリアすると終了となる。

DC 燃えろ!ジャスティス学園 店頭体験版

ゲームショップ店頭用体験版。「燃えろ!熱血青春日記」と「アーケード」が選択可能。フリーモードがなく、好きなキャラを選択してプレイすることはできない。

DC UFC アルティメット ファイティング チャンピオンシップ 店頭用体験版

ゲームショップ店頭体験版。「VERSUS」モードのみ選択可能で、選べる選手は2名。製品版同様ほとんど日本語化はされておらず、終了後に流れるPVの文章も全て英語。しかし実は、海外で発売済みのバージョンからモーションやゲームバランスが見直され、かなり力の入った移植だった。

DC ガンスパイク 店頭体験版

ゲームショップ店頭用体験版。3名のキャラが選択可能で製品版同様OPムービーも付いている。プレイできるのはミッション1の中ボスまでで、プレイ時間は非常に短い。

DC BIOHAZARD CODE: Veronica 店頭用デモムービー

ゲームショップ向けのムービーディスクで、約3分のPVがループする。「次世代のバイオハザード」の文字が最初に登場し、プロモーション映像が流れる。

DC BIOHAZARD CODE:Veronica 体験版

協力:ほめ(@pomegd)

『バイオハザード2 value plus』に付属(写真左)。他に、2000年の3月10日頃からTSUTAYAで無料レンタルされたもの(写真中)、ゲームショップ向けの赤い説明書のもの(写真右)がある。

なお、写真中のものについては明確な情報が得られていないが、パッケージなどからTSUTAYA無料レンタルと判断した。

いずれもディスクの型番は同じで、内容も同一と考えられる。クレア編の途中までプレイでき、最後にPVが流れる。

DC CAPCOM VS. SNK MILLENNIUM FIGHT 2000 店頭体験版

ゲームショップ店頭用体験版。両メーカーの作品がフラッシュバックのように表示されるOPも収録。アーケードモードのみ選択でき、6名のキャラから選択し、1ステージクリアすると発売日の告知が入る。

DC CAPCOM対戦 ファンディスク

『CAPCOM VS. SNK 2 MILLIONAIRE FIGHTING 2001』の予約特典。同作のリプレイデータや、発売済みのカプコン作品のセーブデータも収録されている。DCでカプコンのゲームで遊びたいと言う人には有益なソフト。

SNK

DC THE KING OF FIGHTERS DREAM MATCH 1999 店頭用体験版

ゲームショップ店頭用体験版。「TEAM PLAY」と「SINGLE PLAY」の2つのモードが遊べ、製品版と同じく全てのキャラが使用可能。1ステージクリアすると終了し発売日の宣伝が入る。売りであるOPアニメも収録。

DC THE KING OF FIGHTERS'99 EVOLUTION 店頭体験版

ゲームショップ店頭用体験版。こちらも「TEAM PLAY」と「SINGLE PLAY」の2つのモードが遊べ、製品版と同じく全てのキャラが使用可能。1ステージクリアすると終了し発売日の宣伝が入る。

DC クルクルトゥーン 店頭体験版

ゲームショップ店頭用体験版。チュートリアルステージのみ遊べ、終了後にユサのイラスト付きで発売日の告知が入る。

DC SNK BEST BUY THE KING OF FIGHTERS'99 EVOLUTION プレスミス版

協力：kduck

体験版とは異なるが、番外編としてここで紹介。間違えて前作『DREAM MATCH 1999』をプレスしてしまったというソフトだ。

回収となり本来の発売日（9月27日）から延期となったが、店舗への告知が遅かったため少数販売された。その他、通販分もユーザーの手に渡った。プ

レスミス版はディスク上の型番で判別できるが、開封するまで見分けられない。掲載写真は未開封品だが、当時の回収品で、プレスミス版と確定している。

その他のメーカー

DC クライマックスランダーズ もってけ！ミニゲーキャンペーン 店頭ダウンロード版

ゲームショップ店頭用体験版。ドリームキャストパートナーショップ約5,500店舗で配布されプレイ可能だった。このソフトのみでは遊べず、VMを持ってお店に行くと、先行してクライマックスランダーズ専用ミニゲームをダウンロードできた。

DC ペンペントライアイスロン 店頭体験版

ゲームショップ店頭用体験版。珍しく、配布数が5,000本と分かっている。ホラーコースが未完成のまま入っていたり製品版との差がある。体験版でもコントローラが4つあれば4人対戦も可能。

DC フレームグライド PILOT STYLE

東京ゲームショウ1999春で配布された。『フレームグライド』体験版の第1弾。

このバージョンの体験版はフロム・ソフトウェアでも不本意な出来だったようで、パッケージの裏に「皆様のご期待に沿えない内容となりましたことを謹んでお詫びするとともに…」と書かれている。

DC フレームグライド TEST OPERATION DISC

体験版第2弾。ゲームショップや「ドリームキャストパートナーズ」を通して大量に配布された。製品版に近い完成度になっており、体験版なのでパーツの組み替え等行えないが、ゲームの楽しさは十分に伝わった。

[DC] ぷよぷよ～ん 体験版

　ゲームショップ店頭体験版。一人プレイと対戦が可能で、BGMやSEが製品版と異なる。「とことんぷよぷよ」でぷよを消すとレベルが上がり、落下速度が速くなる仕様で、レベル30辺りから速すぎて左右の移動は、ほぼ無理。レベル80前後になると画面が乱れプレイ不可能になる。

[DC] 爆裂無敵バンガイオー 体験版

　ゲームショップ店頭体験版。パッケージに「体験版」などの記載がなく、見た目だけでは体験版だと分からない仕様。実はこの体験版は一切の制限なく製品版と同様に最後まで遊べる仕様。体験版の案内状には「バンガイオーは撃って撃って撃ちまくる爽快シューティングです」と記載されており、面白いと感じた人はゲームショップでの試遊では満足せず製品版を買ってくれると確信していたのだろう。

[DC] バギーヒート 店頭デモ版

　ゲームショップ店頭体験版。通信機能が使用できないものの、他は製品版と同じで最後まで遊べる体験版。隠しコマンドによるエアロダンシングの機体も使用可能で非常に豪華な仕様である。

[DC] グランディアII 店頭用DEMO

　DEMOとあるが中身はムービーディスク。ゲームショップ向けに配布され、オープニングムービー → ゲームPVの順にループする。

　余談ながら、現在リマスターとして販売されているPC版『グランディアII』は、DCオリジナル版のコードをベースに開発されているため、海外版のセーブデータ（VMSファイル）をPC版にインポートすることが可能である。

[DC] 電幻天使対戦麻雀シャングリラ スーパープレミアムムービーDISC

　ゲームショップ向けのムービーディスクで約6分のPVがループする。主題歌をBGMにヒロインの女の子たちの紹介から始まるのだが、麻雀ゲームでありながら麻雀をプレイするシーンは1カットも出てこない。最後にヒロイン役の方々が歌う主題歌、エンディングテーマを収録したCDの宣伝が入る。

[DC] DEAD OR ALIVE 2 体験版 最新㊙映像

　体験版とあるが中身はムービーディスク。ゲームショップ向けに配布され各キャラの紹介、ゲーム画面が約3分のPVでループする。最後はジャン・リーの「お前の負けだ！」のセリフでムービーが終了。

[DC] ウィークネスヒーロー トラウマンDC 店頭用デモディスク

　ゲームショップ向けのムービーディスクで約5分のPVがループする。ヒロインの紹介の他、PVに作中のセクシーな画像も使われており、ちょっとドキドキする映像。

[DC] 聖霊機ライブレード VIDEO ROM

　ゲームショップ向けのムービーディスクで約2分のPVがループする。ムービーとゲーム画面を織り交ぜたPVで短いながらもゲームの魅力を伝えている。なおこのタイトルはPS版からの移植ではなく同時開発であった。

🆅🅲 スーパーロボット大戦α プロモーションディスク（ムービー集）

　ゲームショップ向けのムービーディスクで約6分のPVがループする。DC版の売りである新規オープニングムービーはもちろん、3Dポリゴン化された戦闘シーンもふんだんに使われている。

🆅🅲 ESPION-AGE-NTS 店頭用デモンストレーションムービー

　ゲームショップ向けのムービーディスクで約6分のPVがループする。キャラ紹介後はずっとゲーム画面を使った解説になっており、内容が分かりやすい映像になっている。

🆅🅲 ショコラ ～maid cafe"curio"～ 体験版

　私（大塚）の知る限りDC最後の体験版。

　アルケミストが過去に発売した『君が望む永遠』『Wind -a breath of heart-』『プリンセスホリデー ～転がるりんご亭千夜一夜～』のうち1作でもアンケートハガキを送ったユーザーに無料で送付された他、「ショコラ」体験版プレゼント企画「お届け物です、ご主人様 全国キャラバン」として、東京、札幌、仙台、名古屋、金沢、大阪、松山、下関、福岡の9都市で計11回のイベントが開催された。

　イベント会場自体は小規模のものが多かったが、DC屈指の大々的な配布イベントだった。そのためこの体験版は相当な数配布されている。ちなみに2時間程度プレイ可能だがチロルは登場しない。

🆅🅲 センチメンタルグラフティ2 サードウィンドウ

　『センチメンタルグラフティ2』の予約特典で、イラスト、声優のコメント、前作のOPムービーを見ることができる。パッケージが12種類あるが、内容は全て同じ。

　『センチメンタルグラフティ2』は、当初の予定から発売延期しており、ケースの中に入っているカレンダーは発売延期のお詫びの追加特典。この追加特典が決定した後にさらに発売日が再延期され、追加でお詫びの文書付きのクリアファイルも配布された。

　この『サードウィンドウ』、公式の説明ではランダム配布で特定の女の子のイラストのソフトを選ぶことはできなかったが、秋葉原の一部ゲームショップではソフトを12本予約購入した人には12人分揃うように渡していたようだ。

　詳細不明だが、一部では特殊なパッケージで販売もされ、中にはしっかりサードウィンドウとクリアファイルも付属している。

2度目の発売延期のお詫びとして追加されたクリアファイル。

発売延期の追加特典として付属したカレンダー。

開発用ソフト

[DC] Dreamcast programmer's Conference Part.1 Demo Disc

時期は不明だが開発者向けの説明会で資料と共に配布されたらしい。

このディスクで注目したいのは、DC発表会でお披露目された『バベル』のデータを使用したと思われる『BABEL 2nd』が収録されている点だろう。『バベル』は鈴木裕氏とプログラマー2名、デザイナー1名で約10日で完成させた作品。

[DC] Dreamcast Middleware Conference Demo Disc part.2

開発者向けの説明会（1999年末らしいが時期は不明）で資料と共に配布されたと思われる。DCではこういったことができるという技術デモに近い内容。実機だけではなくDC開発機でも起動すると書かれているのがポイント。

[DC] Dreamcast SDK SEGA Library Ver.1.55J

セガから開発者向けに配布されたツール。1.42J、2.00J等、複数バージョンが存在している。

[DC] Windows CE Toolkit for Dreamcast

セガから開発者向けに配布されたツール。複数バージョンあり。Windows CEで開発できることはハード発表当初から公表されていたが、実際にWindows CEで開発されたソフトは非常に少ない。

[DC] ドリームキャスト システムディスク

DC実機で開発用GD-ROMを起動させるためのディスク。説明欄に「一般ユーザーの手に渡ると混乱を招くので、くれぐれも取り扱いには注意して欲しい」という一文が。DCで起動して「Complete」の文字が出たら開発用GD-ROMに交換することでプレイできる。

[DC] 開発用GD-ROM

ゲームデータを焼くためのGD-ROM。GD-WriterというSCSI接続のライターを開発機に繋げ、このディスクに焼いていた。「Katana」のデザインの方は開発初期に配布されていたようだ。

開発途中版

前述の開発用GD-ROMには、開発中のデータが収められていることがある。そうした開発中ソフトを紹介する。

[DC ファンタシースターオンライン 2000年11月2日]

オンライン接続には「ネットワークトライアルエディション」のシリアルを使うことから、この開発ディスクでもオンライン接続できたと推察される。

「ネットワークトライアルエディション」にはなかったオフラインモードも選択可能で、ダウンロードを除くほぼ全てのクエストが初期状態で選択可能。開発中のため、エネミーのモーションがない、その場から動かないなどの差違が見られる。

[DC セガカラ for ドリームキャストデモ 2001年1月11日　Version 1.04]

周辺機器「ドリームキャスト・カラオケ」にはデモ版が存在しており、そのデモ版に付属したソフトが『セガカラ for ドリームキャスト -デモ版-』だ。このデモ版は、楽曲のダウンロードはできず、ディスク内に収録された楽曲のみ歌うことができる仕様。この開発ディスクはその開発版と思われるもので、やはりインターネット接続はできない。

なおデモ版自体は、私（大塚）の記憶では市場には一度も出たことがなく、当時の配布数、そして現存数が非常に少ないと思われる。

[DC Katana Reference Disc 2000年7月 Version 1.34]

『NinjaX Demonstration』というタイトルのSTGが収録されている。自機は無敵で、敵機や自機の当たり判定を表示させることができる。ステージ1をクリアするとタイトル画面に戻る。開発者向けに配布されたものと思われる。

[DC バイオハザード CODE: Veronica 1999年11月16日]

マップが開けないなど、一部機能に制限が掛かっている。セーブデータの読み込みに失敗することもあり、出来上がった部分をとりあえず試遊するための、いかにも開発中というデータでコレクター的には大満足。

▶▶fish life RED SEA ＆ AMAZON PDP Ver.

Pioneer製プラズマディスプレイ「PDP-502CB」に展示用スタンドやスピーカー、FISH LIFE本体＆ソフトを一体型にした製品（SAP-FL1、SAP-FL2）に付属していたソフト。

前巻で紹介したFISH LIFE専用ソフトはDC上で起動はするが画面が表示されない。しかしこのソフトはなぜか画面が表示される。起動すると「RED SEA」と「AMAZON」どちらかのソフトを選べるが、タッチパネルを使用するため、ここまでしか遊べない。

このページからは、再び筆者・じろのすけにバトンタッチして、手持ちの開発版などを紹介します。DCの開発用GD-ROMを起動するにはシステムディスクが必要となり、プレイのハードルは高いです。また、ほとんどプレイできないこともあります。それでも、DC本体で起動できた時は、本当にワクワクドキドキします。

[DC サクラ大戦3]

DC『サクラ大戦3』の開発途中版と思われるディスクです。筆者はSSとPSが覇権争いをしていた（と少なくともSS側は思っていた）頃、ガチガチのSS派でした。

初代サクラ大戦が出た時は「どういうゲームか分からんけどなんか面白そう」と限定版を購入し、勝利のポーズを決めるシーンで気恥ずかしさに身悶えしながらもドはまりしました。そのシリーズの開発中ディスクということで、かなりワクワクしながらプレイしました。

プレイしてみたところ、全体的に敵が弱くて、サクサク進めました。さらに、章を進めるにつれて、だんだん「絵が無い」「ムービーが無い」というシーンが増えてきて、開発途中であることを感じさせてくれます。また、進めるにつれて、画面がフリーズする頻度が増えてきました。突然画面が固まってしまい、再起動する羽目になるのです。システムディスクを入れ直すところからやり直します。

何回か試行錯誤してみたところ、「あるシーンであるボタンを押すと固まる可能性が高い」「ボタン連打すると固まる可能性が高い」といったことがわかってきました。プレイ環境としては最悪ですが、コレクター的にはこの苦行もまた嬉しいのです。

『サクラ大戦』といえば、隊員のシャワーイベントが有名です。隊員がシャワーを浴びている時に、「体が勝手に」というよく分からない理屈で覗きに行くとご褒美的なCGが見られ、代わりに隊員の好感度が下がるというイベントです。このイベントに遭遇するためには一定の時間内に的確な行動をとる必要があるのですが、この時間判定がけっこう短いです。ところが開発版では、この時間判定が長めでした。未完成の部分も多く、「開発中のソフトをプレイしている」という喜びを感じさせてくれます。

タイトル画面が市販版と異なりました。画面の一番下に「©1996, 2001」と表示されています。市販版だと「2001」です。コレクター的にはこの時点で「やった!!」「当たり!!」となります。起動したタイトル画面の時点で、明確に市販品と異なる部分があるかどうかは、大きな境目となるのです。

シャワーイベント。演出が未完成で、例えば、コクリコのシャワーシーンは、市販版では暗闇の中で懐中電灯でサーチするのですが、開発版では画面が暗くなっておらず、普通に画面に選択肢が出ました。ただ、「見る」を選択すると、「ボクにライトをあててどうするんだよ!」と怒られたので、ライトの演出はもうこの時点で予定されていたようです。

背景が仮画像と思われるものになっているシーンもありました。開発途中なんだなぁ……と実感できる画面です。

各章の幕間のオープニングがまだ出来ていないところもありました。

会話の文章も、一部の固有名詞がまだ決まっていなかったようです。

移動パートも未完成のところがあり、「（移動パートが入ります）」というメッセージとともに飛ばされて先に進みます。コレクター的にはもう嬉しさが止まりません。

▶▶ ⑤⑤ 帝国華撃団隊員名簿

　SSに『帝国華撃団隊員名簿』という非売品ソフトが
あります。SS『サクラ大戦』は1996年9月に発売さ
れましたが、それに先駆けて1995年9月19日に開催
された制作発表会で、関係者向けに配布されたプレス
用のリーフレットに入っていたソフトです（その後、
アフタヌーン等の雑誌の懸賞でも配布されたようで
す）。この『帝国華撃団隊員名簿』が、世の中に『サク
ラ大戦』が初めてお目見えした記念すべき一品でした。

キャラクターのプロフィールも、製品
版とは微妙に違っており、主人公の真
宮寺さくらは、出身地が群馬になって
います。（製品版では宮城）

まずオープニングで
「大正十二年」と記
載されています。製
品版では「太正」で
す。また、タイトル
画面の「サクラ大戦」
の文字のフォントが
微妙に製品版と違う
等の差異がありまし
た。

神崎すみれは、誕生日が1月20日（み
ずがめ座）になっていました。製品版
では1月8日（やぎ座）です。この変
更がどういう理由によるものなのか、
あれこれ想像するのもまた楽しい
です。

アイリスも、誕生日が5月5日（おうし
座）になっていました。製品版では7
月5日（かに座）です。

デモムービーは、曲は完成していますが、映像は文章とCGを何枚
か組み合わせただけのものでした。ゲームのプレイ画面も2枚しか
収録されていませんでした。

[⑤⑥ バベル]

　中古レトロゲームショップで購入した開発用
GD-ROMを起動したところ、DC制作発表会でデ
モ映像として流されていた『バベルの塔』に酷似し
た映像が出てきました。「もしかして!?」と心が躍
ります。
　開発用ディスクの類は起動しないことも多くリス
クが高いのですが、こうしたものが出てくるとコレ
クター的には大当たり。この手のソフトは、興味の
ない人にとってはただの円盤です。しかし、思い入
れのある人にとっては唯一無二のお宝となります。
　なお『バベルの塔』にはいくつかのバージョンが
あるようで、ここで紹介しているものが製作発表会

当日に流されていたものと同じとは限らないようで
す。例えば、筆者の手持ちの『Dreamcast program-
mer's Conference Part.1 Demo Disc』には、『BA
BEL 2nd』が収録されていました。

 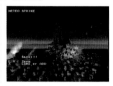

筆者が起動したソフトでは、「バベ
ルの塔の周囲の町めがけて隕石を
降らせる」「バベルの塔自身が周囲
にレーザーを照射」「イルミネーシ
ョン（2種類）」等のモードが選択
可能でした。

塔に接近すると中（?）らしきものが
見えて、ちょっと不思議な感じでした。

『Dreamcast programmer's
Conference Part.1 Demo
Disc』では、『BABEL 2nd』と
なっていました。

4 PSシリーズ編

ゲームと言えば任天堂とセガだった時代に参入し、幅広いユーザを獲得したプレイステーション（以下「PS」）。そんなPSの非売品は、とにかく多種多様なところが特徴です。また、PSやPS2の時代には、体験版ソフトが気前よく配布されていました。PS3以降は、非売品やパッケージの体験版は減少していきますが、非売品の周辺機器やグッズなどは、幸いにしてまだいろいろと配布されています。

PS1・PS2

PS
［デンタルIQさん2 LEVEL1＋2］
●ジーシー

「デンタルいっきゅうさん」と読みます。前巻で掲載した『デンタルIQさんLEVEL-1』のパート2にあたるものと思われます。歯科医のみに販売されたソフトで、待合室等でデモとして流すものです。帯に「デンタルコミュニケーションツール for インフォームドコンセント」と記載されており、その記載の通り、インフォームドコンセントに役立てるために作られたソフトだと思われます。PS用以外にも、PC用等が存在します。

本ソフト付属の封筒に「『デンタルIQさん2』をお買い求めいただき誠にありがとうございます。大変恐縮ですが、いままでお使いの『デンタル IQさんLEVEL-I』のCD-ROMをこの封筒にてご投函いただきますようお願い申し上げます」と記載されており、アップグレード的に購入できたのではないかと推測されます。

筆者はこのソフトは過去に1度しか見たことがありません。幻級のレアソフトです。

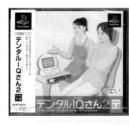

デンタルIQさんLEVEL-1 返却用封筒

協力：Psinh

PS

［デッドオアアライブ 非売品版（正式名称不明）］

●テクモ

　レーベルがピクチャー仕様になっていて、額のようなケースに収められています。このケースはしっかりした作りで、「シルバーメッキ仕上げ」というシールが貼ってありました。また、通し番号が振られています。

　PS『デッドオアアライブ』発売時に「タイムトライアル・キャンペーン」が開催されており、その景品で配布されたものと推測されます（協力：ナボりたん）。

　中に入っているディスクの型番はSLPS-01289で、市販版と同じです。しかし、ディスクが台紙にテープでしっかりと貼り付けられており、実際にPS本体で起動できるかどうかは、いまだ確認できていません。

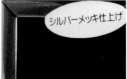

PS

［リベログランデ2 日本代表モデル専用コントローラ］

●ナムコ

　PS『リベログランデ2』購入者向けのキャンペーンで、抽選で500名に、「日本代表モデル専用コントローラ」がプレゼントされました。

PS

［エージングディスク アナログコントローラ製造検査サービス ディスク］

●SCE

　おそらく工場等で使用していたものではないかと思われます。
SFCの非売品では、「エージングカセット」「コントローラテスト
カセット」が有名ですが、PSにもあるんですね。

PS

[激闘!クラッシュギアTURBO コミックボンボン スペシャルディスク]

前巻にディスクのみを掲載しましたが、ケース付きの完品を入手できたので、改めて掲載します。「コミックボンボン」2002年12月号の読者全員プレゼントサービスで、申し込むともらえました。

同様にコミックボンボンで配布されたPSソフトには、『ちっぽけラルフの大冒険 体験版 へろへろくんバージョン』『デジモンワールド 体験版 ボンボンプレミアムディスク』『コミックボンボン スペシャルムービーディスク』があります。その中でも、本品は群を抜いて見かけることが少ない印象です。

前巻発売後に完品を入手できたわけですが、筆者の経験上、「ぜんぜん見つからなかったレアソフトを入手できると、そのあと続々と出てくる」ということがありまして、個人的にこれを「ゲームコレクターのシンクロニシティの法則」と呼んでおります。このソフトも、入手後にはちょくちょく見かけるようになりました。

PS2

[モバイルアイランド 体験版]

情報が少ないのですが、ディスク盤面に「NTT DoCoMo関西」と印字されており、市販向けのゲームではなさそうな雰囲気が漂っています。PS2本体で起動したところ、「でんぱのしくみ」と「ゲームであそぶ」の2つのメニューがありました。前者は、携帯電話の仕組みを学ぶ内容、後者は簡単なミニゲームが遊べるものです。

「体験版」と印字されてはいますが、ミニゲームはシンプルな内容で、ここから発展させる余地は少なそうに感じました。おそらくは、デモ用ソフトだったのではなかろうかと思われます。

PS2

[実践パチスロ必勝法! 北斗の拳 プレミアムディスク]

当時のリリースによれば、PS2『実践パチスロ必勝法！北斗の拳』の好セールスを記念して「北斗百裂拳プロジェクト」というキャンペーンが開催され、抽選で色々な品がプレゼントされたようです。
その中の一つで、777名にプレゼントされたようです。

PS2

[.hack//fragment 先行リリース版]

PS2『.hack//fragment』発売前のβ期間に、抽選でプレゼントされたもののようです。前作までは「オンライン風」でしたが、本作はオンライン対応となり、他のPS2用のオンラインゲームと同様に、こういうものも配布したんですね。

PS2

[桃太郎電鉄USA サイコ・ル・シェイムカバー]

PS2『桃太郎電鉄USA』発売時のイベント等で配布されたようです。これ以外に、前巻で掲載した若槻千夏さんバージョンと、筆者は所持していないのですが、陣内智則さんバージョンがあるようです。

PS

［クマンゲリオン］ 協力：GeeBee、ナポりたん

PS『クマンゲリオン』は、電撃PlayStationの企画でPS『デザエモン＋』で製作されたソフトで、メモリーカードを送付するとデータを入れて返送してくれたようです。

こうしたものとしては、PS『鉄拳2』の「スペシャルプログラム入りメモリーカード」があります。プレイステーション通信1996年2月2日号に、アーケード版『鉄拳2』の第4回大会の優勝賞品としてプレゼントする旨、記載があります。このメモリーカードをPS本体に差し込んで『鉄拳2』をプレイす

ると、タイトル画面が優勝者の名前入りオリジナルタイトル画面に変身するものだそうです。

PS

［ハイパーオリンピック イン アトランタ ボシュロム版］

市販品のPS『ハイパーオリンピック イン アトランタ』に、非売品の紙ケースが付いています。この紙ケースだけが非売品です。

配布経緯は不明ですが、紙箱に「第26回オリンピック競技大会 公式スポンサー記念」「ボシュロム・1996オリンピックキャンペーン」と書いてあることから、キャンペーンによる抽選品、あるいは関係者向け配布品ではないかと推測されます。

筆者は約20年前、このソフトをネットオークションで見かけたのですが、その際はスルーしてしまいました。しかしその後に探すとまったく情報が無く、「自分の記憶しか証拠がない」という状態でした。

そして20年ほど経ったころに、再びオークションに出てきました。この時、筆者はかなりの高値で入札したつもりが、落札できずに激しく後悔しました。しかし前述の「ゲームコレクターのシンクロニシティの法則」が働き、その後すぐに入手できました。

PS2

［太鼓の達人 あつまれ！祭りだ！四代目 お菓子祭り限定パッケージ タタコン同梱］
［太鼓の達人 あつまれ！祭りだ！四代目 お菓子祭り限定パッケージ］

出所が分かっていないのですが、おそらくイベントの景品か、キャンペーンの懸賞品ではないかと推測しています（2004年7月25日～8月29日に「Meiji カールPresents あつまれ! 祭りだ! 太鼓の達人 大集合」というキャラバンが全国で開催（東京、広島、福岡、大阪、名古屋、札幌、仙台）されているので、これの景品ではなかろうかと推測していますが、裏付けが取れていません）。ソフト単体版と、タタコン同梱版があり、いずれも通常の市販ソフトに、お菓子祭り限定のスリーブが付いています。筆者は東日本に住んでいるので、カールおじさんの絵が懐かしいです。

ほとんど見かけない品で、おそらくはもともとの配布数が少ない上に、紙スリーブが捨てられてしまっているのではないかと思われます。

PS
[闘魂烈伝／闘魂烈伝2 限定版]

●トミー

配布の経緯は不明ですが、プロレスの試合会場で限定販売されたという噂があります（全く別の経緯の可能性もあります）。市販のソフトに、紙製のジャケットと技表のような紙が付いています。

筆者は、まず『闘魂烈伝2』のほうを入手しました。その後、見たことのない『闘魂烈伝』のケースの画像をネット上で見かけ、現物を探し始めましたが全然見つからず、最終的には藁にもすがる思いで、某ネット通販で、PS『闘魂烈伝』の在庫全部注文したところ、1本だけこれが紛れ込んでいました。

PS
[ストリートボーダーズ 三重の21世紀リーディング産業展 配布版]

●マイクロキャビン

市販品のPS『ストリートボーダーズ』に、「三重の21世紀リーディング産業展」で配布した旨のシールが貼ってあるだけのシロモノです。シュリンクの上からシールが貼られており、普通はシュリンクを剥がしてシールごと捨ててしまいます。現存数は極めて少ないと思われます。欲しがる人も少ないと思われますが。

ちなみに、シールには「リーティング」と記載されていますが、当時のポスター等を見ると「リーディング」が正しいようです。マイクロキャビン社が出展し、配布したと思われます。

▶▶ DEMODEMOプレイステーションに謎の1枚

『DEMODEMOプレイステーション』は、前巻でもご紹介しました。店頭デモ等で使用されていたソフトと思われます。vol.1からvol.22まであり、パッケージにマンガやネタ写真が掲載されている見た目が楽しいシリーズです。

しかし『DEMODEMOプレイステーション』のうち「vol.18」は、透明ケースの簡素なパッケージでした。筆者が所持しているものはこれで未開封状態ですし、過去に見かけたものも全てこの外観でした。

ところが最近、これの別バージョンが発見されました。こちらはちゃんと絵のあるパッケージに収められています。中身のディスクは同じでした。世の中的にはどうでもいいことだと思いますが、筆者の中ではビッグニュースでした。

類似品として『プレプレ』がありますが、こちらは「PlayStation CLUB」の会員向けに配布され、たくさん出回っています。

『見る見るプレイステーション』というものもあります。ソフトに「店頭放映禁止」「〇月受注分収録」と記載されており、受注の参考に配られたのではないかと推測されます。PS2用もあり、非常に種類が多い上、1つ1つが入手困難です。

PS1・PS2の体験版

　筆者は、ゲームの体験版ソフトを集めるのが好きです。キリが無いぐらいにたくさんあるので、集めていると、「これ初めて見た！」という新鮮な驚きが頻繁に味わえます。PS・PS2の体験版は、前巻では少ししか掲載できませんでしたので、もう少しご紹介します。最近は、これまで全く注目されていなかったようなソフトが、日の目を浴びることもあるようです。その流れなのか、体験版ソフトに高値が付くケースも出てきました。

　これまでゲームソフトの収集というと、基本的には市販品のリストを埋めながら集め揃えていく「コンプリート」という概念がつきものでした。しかし最近は、自分だけが好きなソフトをニッチに探究していく芽が出つつあるように思えます。各コレクターさんが、百人百様に、自分が欲しいものを自分らしく集めるというスタイルです。筆者は心の中で、この現象を「ゲームコレクターのロングテール化」と呼んでおります。

あまり見かけないと思われる体験版の中から、一部を掲載します。マイナーどころのタイトルが多いと思います。PS『春のぷるぷる体験版』はよくある販促品のようですが、いざ探すとレアです。パッケージに「店頭試遊用」と記載されていることから、あまり数がないのかもしれません。

PS『キッズステーション』の体験版もあります。

「店頭用」と書かれている体験版はレアな傾向があります。名称からして、店頭デモ専用で、一般ユーザーには配布されなかったのだろうと思われます。

PS『グランツーリスモ』の体験版は前巻で多数紹介しましたが、当時コナミから発売されたPS2『エンスージア』も、2種類の体験版があります。

PS2『アークザラッド精霊の黄昏』には、「Premiere Disc」というものが2種類あり、左のものはケース無しの状態で未開封です。型番も異なり、左はPCPX 96330、右はPAPX 90230です。

PS『電車でGO！2』も2種類あります（体験版、店頭デモ版）。色違いで並べて見ると綺麗です。みんな大好き『クーロンズゲート』も、2種類が存在します（体験ディスク、SPECIAL DISC）。

メジャータイトルの体験版は人気があり、そこそこの値段が付きがちです。

カプコンの体験版は、見た目が映えるものが多く、加えてコンテンツ自体にも人気があるので、争奪戦になりがちです。

バイオハザード関連の体験版も、思わぬ高値が付くことがあります。稀に万単位の値段がついて、筆者も驚くことがあります。

特にロックマン関連の体験版は人気があります。体験版に明確な市場価格は無い（少なくとも現時点では）ものの、配布数が少ないものは、「欲しがる人がいなければ捨て値」「欲しがる人が2人以上いたら青天井」という特徴があります。

ナムコとカプコン、2社連名の体験版もありました。面白い試みですね。

PS2『サイレントヒル2』の体験版は、全然出てきません。超激レアです。名作なので、体験版も人気があるのかもしれませんね。

キャッスルヴァニア（悪魔城ドラキュラ）シリーズは、ゲーム本編にプレミア価格のものが多いためか、体験版も高額になりがちです。

FFの体験版では、『VII』のものはよく見かけると思います。この「SQUARE'S PREVIEW EXTRA」と銘打たれたものは、東京ゲームショウ等で配布されたようです。

PS『トバル ナンバーワン』に、「SQUARE'S PREVIEW」として『VII』の体験版が付属したことはよく知られています。この「SQUARE'S PREVIEW」は他にもあり、市販PSタイトル（ファイナルファンタジータクティクス、ブレイヴフェンサー武蔵伝）付属のものと、単体で配布されたものがあります。こちらは単体で配布されたもので、なかなか入手困難です。

その『トバル ナンバーワン』の体験版も2種類あります。右はケース無しの状態で完品です。ディスクの型番は、左がSLPM 80044、右がPCPX 96035です。

PS2の『ICO』『悪魔城ドラキュラ 闇の呪印』などの体験版は、元からケースがありません。

タカラのPS『無料貸出体験版 ブレン太くん』。特別感があるタイトルです。

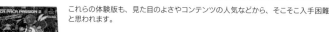

これらの体験版も、見た目のよさやコンテンツの人気などから、そこそこ入手困難と思われます。

PS3・PS4

PS3
［モーターストーム3］
●SCE 協力：デデ

PS3『モーターストーム3』は、国内では発売直前に発売中止になりました。発売中止のニュースリリースは、「諸般の事情を鑑みて」との記載でしたが、東日本大震災へ配慮したのではないかと噂されています。

そんなわけで発売中止になったはずなのですが、極少数が稀に中古市場に流れてきます。筆者が見た限り、ケース裏のバーコード部分に「見本品」のシールが貼ってあるものと、ないものの2種類があります。口頭の証言としては、「関係者向けのサンプル」「店舗で購入」の2パターンがありました。推測ですが、発売中止の時点で製造が完了しており、サンプル品として配られたものや、一部の店舗でフライング気味に販売されたものがあったのかもしれません。

PS3『モーターストーム』の店頭用ダミージャケット。

PS3
[アップデートディスク]
● SCE

何らかの理由アップデート用のデータをダウンロードできない人向けに配布されたもののようです。いくつかのバージョンがあります。

PS4
[ファイティングEXレイヤー]
● アリカ

「普通の市販品じゃないか」と言われると思いますが、当初はダウンロード版のみの販売で、パッケージ版は関係者に配布された非売品ソフトでした。筆者はこれを頑張って入手。

しかし後に、晴れてパッケージ版も発売。これにより、非売品ソフトではなくなってしまったのです。市販版と見比べても、寸分の違い無くまったく同じソフトです。非売品ソフトコレクターをやっていると、こんなこともあります。人間万事塞翁が馬です。

PS4
[ファンタシースターオンライン2 スターティングディスク]
● セガ
[テイルズ オブ アライズ 試供品]
● バンダイナムコエンターテインメント

いわゆる体験版的なソフトです。この時代に物理的媒体で配布してくれるのは嬉しい限りです。なお『テイルズ オブ アライズ 試供品』は、ディスクではなくダウンロードコードが封入されています。

■本体・周辺機器など

PS4
[PUBGカスタム版PS4 Pro]

PS4『PLAYERUNKNOWN'S BATTLEGROUNDS』に、新マップ「Vikendi」が配信された際、「Vikendiアクションコンテスト」が開催されました。「Vikendi」内で撮影した動画をシェアしたプレイヤーの中から抽選で10名にPUBGカスタム版PS4 Pro（アメリカ電源プラグ）をプレゼントするというものでした。そのプレゼントされたPS4本体がこちらです。

コンテストの開催期間は2019年1月29日11：00～2月6日17:00まででしたが、2月14日17:00まで延長する旨の告知がありました。

PS4 Pro本体とコントローラーも特別仕様でしたが、箱は市販品と同じもののようでした。

PS4

［JUMP FORCE プレゼント PS4（正式名称不明）］

　PS4『JUMP FORCE』発売時に、懸賞でPS4「本体」＋「JUMP FORCE特製トップカバー」＋「JUMP FORCE」のセットが75名にプレゼントされました。週刊少年ジャンプ2019年8号の懸賞ですが、ジャンプ公式サイトでも告知されており、もしかしたらジャンプを購入しなくても、申し込めたのかもしれません。

　PS4本体は市販品と同じですが、外箱が大きな紙スリーブで覆われていて、この紙スリーブが非売品です。

　付属のトップカバーも懸賞専用の非売品です。なお、『JUMP FORCE』デザインのトップカバーはソニーストアでも販売（PS4本体とのセットと、PS4『JUMP FORCE』とのセット）されましたが、デザインが異なります。

PS4

［Razer Panthera限定デザイン アーケードコントローラー］
［／オリジナルデザインPS4スキン］

　エナジードリンクの「レッドブル」で『ストリートファイターV アーケードエディション』限定缶が発売された際、「限定缶発売記念 波動拳配合キャンペーン」が開催されました。

　このキャンペーンで、一定本数を購入して応募するとプレゼントされた賞品の中に、「S賞：Razer Panthera限定デザインアーケードコントローラー（10名）」と、「B賞：オリジナルデザインPS4スキン（100名）」がありました。

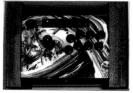

PS4

［Amazon限定販売 サッカーJ1クラブデザインスキンシール］

Amazonにて、2017年7月10～11日の期間限定で予約販売されたようです（PS4本体とセット）。「配布期間が短い」「本体セットで高額」「ただのシールなので保存されにくい」「バリエーションが多い」というコレクター的な難度が数え役満です。2017年のJ1クラブ数だけあると考えられ、おそらく18種類だと推察されます。

▶▶ 他機種のスキンシール

ゲーム機本体に貼るシールは他機種でも出ています。PS4以外のものも、いくつか紹介します。

コロコロコミック30周年記念 特製DSドレスアップステッカー。月刊コロコロコミック2007年5月号で、コロコロ30周年の懸賞がありました。コロコロ連載作家の直筆サイン入りDSLite、連載作家18人直筆サイン入りWiiが各1名ずつ、DSLiteカバーが100名等、豪華な景品がプレゼントされました。その景品の中の1つで、2911名にプレゼントされました。

イベント限定 コロコロコミック 30周年記念ステッカー。同じくコロコロの30周年記念関連と思われるステッカーです。DS・PSP本体をデコレーションできます。

華ヤカ哉、我ガ一族 PSPスキンシール。オトメイトの抽選で100名にプレゼントされたようです。

PSP用のステッカー。「Starry☆Sky スタスカくじ 2nd season」の景品でした。

アニメイトポイント交換品の「PSPデコステッカー アルカナファミリア2」、「土方歳三 PSP用 デコカスタムステッカー（2枚組）『薄桜鬼』」。

東方デコレーションステッカー 第2弾。「博麗神社例大祭」で、まんだらけから販売されたものです。

本体に貼るシールは、PSやDCのものもありました。

PS4
「FIFAワールドカップ ブラジル大会 オリジナルベイカバー」

同大会の開催記念キャンペーンで、2014年5月14日～7月14日の期間中に、ソニーストアでPS4本体を購入して応募すると、抽選で100名にプレゼントされました。見た目は地味ですが、かなりレアです。

PS4
「龍が如く維新!」 オリジナルベイカバー

PS4「龍が如く維新!」発売記念キャンペーンで、抽選で100名にプレゼントされました。

PS4
「SNOW MIKU×初音ミク Project DIVA Future Tone」 トップカバー

こちらはPS4本体のトップカバーです。2017年4月、初音ミクとのコラボ商品「SEGA feat. HATSUNE MIKU Project」のトップカバーが発売されました。同じタイミングでソニーストア札幌店がオープンしたようで、そのオープン記念として、札幌店限定でこちらの品が販売されました。トップカバーの中でも、かなりレアな部類に入ります。

PS4
「ドラゴンクエスト× ファイナルファンタジー」 コラボ限定ベイカバー

PS4「ドラクエ×FF ダブル購入キャンペーン」（期間：2015年2月24日～4月6日）で、100名にプレゼントされました。PS4『ドラゴンクエストヒーローズ』と『ファイナルファンタジー零式HD』の両方を購入して、PS Storeで「キャンペーン抽選券」をダウンロードするという応募方法でした。なお、抽選に外れても全員にPS4「ドラクエ×FF オリジナルテーマ」がプレゼントされたようです。

「その他のベイカバー」

PSP

PSP

[PlayStation Spot]

●SCE

　全国の駅等に「PlayStation Spot」が設置され、PSP用のコンテンツが配信されていたことがありました。その際に使用されていた配信用ソフトと思われます。筆者が知る限り、Vol.1〜8および「試用版」の計9種類が存在します。種類が豊富な割にはどれも入手困難で、コレクター泣かせな一品です。

協力：GeeBee

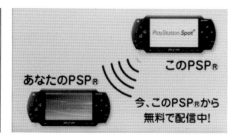

起動すると、このような画面になります。「無線LANを使ってゲームの体験版などのデータを、自分のPSPにダウンロードできるエリアです」と表示されています。各Volごとに、いくつかの体験版などを配信できたようです。

PSP

［システムソフトウェア アップデートディスク Ver.3.11／Ver.3.73 UMD Video Software Lineup 2005 Summer／2005 Winter］

●SCE

これらも、ゲームではないPSPソフトです。PSP本体のアップデートに使われていた『システムソフトウェア アップデートディスク』と、UMD VIDEOのソフト紹介が収録されている『UMD Video Software Lineup』です。

システムソフトウェア アップデートディスクのVer.3.11とVer.3.73。
（協力：GeeBee）

UMD Video Software Lineupの2005 Summerと2005 Winter。
（協力：GeeBee）

PSP

［バーチャルホールオペレーター］

●サミー　協力：GeeBee

　サミー製のようです。公式の裏付けは取れていませんが、内容を見た限りでは、パチスロについて、設定（1〜6の6段階あり、6がお客様に還元レベル）をセットして、店の収支をシミュレートするソフトのようです。台数、設定、プレー回数など、けっこう細かく設定できます。

　ここで掲載した写真は、2007年3月版と12月版です。他にも存在するのかどうかは不明です。

『バーチャルホールオペレーター 2007年3月版』（左）と『バーチャルホールオペレーター 2007年12月版』（右）。

タイトル画面

設定画面

各機種の台数や設定を決めて、シミュレーションを行うことができます。

5つのシマ（16台ずつのブロック×5）を設定したところ

シミュレーションを開始するところ

シミュレーションの計測結果。出玉率や台粗利など、収支が表示されます。右は、設置された台のうち1台（スパイダーマン2）の結果。この台は、約14万円の赤字となっています。

PSP

［7日間集中英検対策講座］

●秀英予備校

　秀英予備校の講座で教材として使用されたものと思われます。とりあえず筆者の手元には、3級と4級の2種類があります。

PSPの体験版

PSPの体験版では、ユーザー向けに配布されたもののほか、店頭で使用されていたと思われるものが存在します。無地のケースにソフトが入っているだけで、見た目は地味なのですが、いずれもかなりレアで入手困難です。以下、そうした店頭用の体験版を紹介します。

PSP
ドラゴンボールZ 真武道会 体験版

PSP
ドラゴンボールZ 真武道会2 体験版

PSP
LocoRoco 店頭体験版

PSP
鉄拳 DARK RESURRECTION 体験版

PSP
バウンティ・ハウンズ 体験版

PSP
ガンダムバトルロワイヤル 体験版

PSP
機動戦士ガンダムSEED 連合vs
.Z.A.F.T. PORTABLE 体験版

PSP
マグナカルタ ポータブル 店頭用PV

●バンプレスト

　店頭デモ用のPVが収録された UMD-VIDEO です。こうした店頭デモ用の UMD-VIDEO というのは、なかなか珍しいと思います。

協力：GeeBee

▶▶ PS Vita フリーダムウォーズ 第0次都市国家対戦「βテスト事変」

　2014年6月、PS Vita『フリーダムウォーズ』発売に先駆けて、全国のゲオ・TSUTAYA加盟店で無料レンタルされたもののようです。レンタル品なので本来は市場に出てこないもののはずなのですが、何故かたまに出てきます。あくまでたまにですので、入手は非常に困難です。

　なお、この体験版については、配信も行われていたようです。

■一点集中型コレクターの世界
細かすぎる携帯型ゲーム収集の道
寄稿：GeeBee

携帯型ゲーム機用ソフトのコレクターとして活動するGeeBeeさん。各機種の市販タイトルはもちろん、バージョン違いや非売品などにも収集範囲を広げ、細かいところまで探求し続けておられます。そんなGeeBeeさんに、携帯型ゲーム機ソフトのディープな知識の一端を語っていただきました。　　　　（じろのすけ）

バージョン違い

同じソフトでもバージョン違いというものが存在します。限定版や廉価版、バグ修正版などなど、さまざまな事情から違いが生まれるのです。バージョン違いで最も多いパターンは初回版・限定版と通常版で、基本的に型番が異なります。ただし、一部に例外があり、型番だけでは見分けられないこともあるのです。ここでは、特に気が付きにくいものや、特殊なものを紹介します。

PSP『アイドルマスターシャイニーフェスタ』『テイルズ オブ バーサス』の初回封入特典版は、通常版と型番が一緒になっています。特に『アイドルマスターシャイニーフェスタ』は、初回封入特典版がほとんどで、通常版を見つけるのが困難です。さらに初回版のジャケットがリバーシブルになっており、裏返すと通常版と同じ絵柄になってしまいます。

PSP『サルゲッチュP! PSP the BEST』には非売品版が存在します。2009年8月に「PSP夏得祭」というキャンペーンが実施され、PSP本体（PSP-3000）購入者は、3つの特典の中から、1つを貰うことができました。そのうちひとつが『サルゲッチュP! PSP the BEST』で、ここでプレゼントされたものは、型番が非売品系の「UCJX-90029」（UCJX90000番台）となっています。また、裏面のバーコードがありません。なお店舗によって配布商品が異なり、この非売品廉価版の『サルゲッチュP!』はトイザらスで貰えたようです（それなりに見かけるため、その他の配布経緯もあったのかもしれません）。

DS『リーズのアトリエ ～オルドールの錬金術士～』はバグが多数あったため、メーカーが回収・交換に応じたソフトです。修正版は白を基調としたジャケットになり、説明書やソフトの色合いも変更されています。発売から半年以上経ってからの回収・交換だったため、修正版はあまり見かけませんが、バグの修正だけでなく、メッセージ送り機能の追加など機能面も強化されています。

DS『ときめきメモリアル Girl's Side 1st Love Plus』では、初期版には登場人物の「葉月 珪」が大きく描かれていますが、『2nd』『3rd』のジャケットに寄せた、リニューアル版があります。

147

PSPでは、『TOCA RACE DRIVER 2 ULTIMATE RACING SIMULATOR』のように、廉価版と通常版のジャケットが全く同じものがあります。廉価版では、裏面に注意書きがあり、そこで判別可能です。

PSP『METAL GEAR SOLID PORTABLE OPS』は、「通常版」「本体同梱版（PREMIUM PACK）」「デラックスパック（PORTABLE OPS＋との2本組）」「METAL GEAR 20th ANNIVERSARY通常版」「METAL GEAR 20th ANNIVERSARY限定版（メタルギアソリッドコレクション）」「廉価版（PSP® the Best）」「廉価版（コナミ殿堂セレクション）」と7種類のバージョンが存在します。ちなみに廉価版のコナミ殿堂セレクションには、スリーブが付いたバージョンも存在し、これを含めると8種です。

PSP『三国志8』の廉価版（コーエーテクモ定番シリーズ）では、ソフトの見た目は『8』で中身が『7』という致命的なミスが起こり、即日回収となりました。現在流通しているほとんどが修正版で、初期版（ミス版）は入手が困難な一品です。ちなみに、ミス版の型番は「ULJM-06139」、修正版の型番は「ULJM-06188」です。バーコードも異なります。修正版のバーコード＝4988615045394、ミス版のバーコード＝4988615043857です。

DSも、見た目がほぼ変わらないバージョン違いが多数存在しています。ジャケット右下の型番に、「JPN-1」「JPN-2」のように数字がついているのがバージョン違い（写真はDS『ムーミン谷のおくりもの』）。ただし、『ボンバーマン ハドソン・ザ・ベスト』など、ジャケットの型番は同じで、説明書のみ「-1」と「-2」の2つのバージョンがあるソフトも存在します。

DSでは『財団法人日本漢字能力検定協会公認 漢検DS』が最も多く、7つのバージョンがあるようです。最終バージョンでは、ジャケットの「200万人の漢検」が「250万人の漢検」に変わっています。4次ロット（型番に「-3」がついているもの）と6次ロット（型番に「-5」がついているもの）は激レアです。安いソフトですので、見つけた際にはぜひキープしてみてください。

3DS『ニンテンドー3DSガイド ルーヴル美術館』のパッケージ版は、当初、パリのルーヴル美術館でのみ販売されていました。言語別に7種類あり、日本語版も存在します（型番は「TSA-CTR-AL8J-JPN」）。そして、日本で開催された「ルーヴル美術館展」（東京国立新美術館 2015年2月21日〜6月1日、京都市美術館 2015年6月16日〜9月27日）の会場で、日本国内版のパッケージソフトが限定販売されました（型番は「TSB-CTR-AL8J-JPN」）。さらに、「パリで販売されたもの」と「国内で販売されたもの」それぞれに型番違いが存在します。「TSA-CTR-AL8J-JPN-1」と、「TSB-CTR-AL8J－JPN-1」です。

スリーブやジャケット

PSPやDSでは、スリーブを付けて販売されたソフトが多数あります。普通の通常版や廉価版ソフトに、期間限定キャンペーンなどのスリーブを被せただけというもの。こうしたスリーブは捨てられることが多いうえ、外してしまうとただの通常版や廉価版になってしまいます。このため、いざ探すと見かけないソフトです。

コナミの廉価版「ベストセレクション」には、スリーブ有りのものと、スリーブ無しのもの両方が存在するソフトがあります。同じソフトとして扱われることが多いため、注意が必要です。

DSの「応援特価版」と「勉強支援特化版」は、いざ探すと見つかりにくく、コンプに苦労しました。DSでは、チュンソフトの「チュンセレクション」も、スリーブ付きの廉価版です。

テイルズオブシリーズ15周年 着せ替えジャケット。テイルズシリーズ15周年記念のイベントとして、2011年8月4日から対象ソフトを購入した人に、限定スリーブが配布されました。スリーブ裏面にはプロダクトコードが記載されており、PS3『テイルズ オブ エクシリア』のメインビジュアルを使用した、スペシャルカスタムテーマをダウンロードできました。

期間限定ジャケット 新生活にPSP（春）、期間限定ギフトジャケット（冬）。期間限定で、発売済みのソフトにスリーブを付けて販売したものと思われます。販売期間が短かったことからまったく見かけないソフトです。

PSPのUMD-VIDEO

PSPで映画やアニメ（そしてアダルト）などを見られる「UMD-VIDEO」。ゲームファンからは見過ごされがちですが、実は1000種類以上がリリースされており、レアなものや一風変わったものが多数存在します。

例えば、ゲーム付きのUMD-VIDEO。ゲームとして遊べるUMD-VIDEOは「UMD-PG（プレイヤーズゲーム）」という区分で呼ばれたりしますが、それ以外にもゲームが付いたUMD-VIDEOがあるのです。

また限定販売やDVDの特典など、特殊な流通経路のものもたくさん作られています。

『ステルス feat. ワイプアウト ピュア STEALTH edition』は映画「ステルス」のUMD-VIDEOですが、オマケとしてPSP『ワイプアウト ピュア』の機能限定版が収録されています。映画に登場するステルス機を使用できる仕様です。型番もUMD-VIDEOとPSPソフトの2つを持っているという、大変珍しいソフトです。

DVD「妖怪大戦争」の限定版（DTSコレクターズ・エディション）に付属している特典UMD-VIDEOや、h.m.pのアダルトUMD-VIDEOなどには、ひっそりとミニゲームが収録されています。これらのゲームはUMD-VIDEOの機能で動いているため、内容はシンプルなものですが、ほとんどの人が遊んだことがないであろう、レアゲーかもしれません。

「そらのいろ、みずのいろ 上巻『ダメ……聞こえちゃう♥』」。このソフトはアダルトアニメで、初期版とヒロイン2人の声が別の声優で再収録されたバージョンの2種類が存在します。1本目は2007年8月に開催された、コミックマーケット72で販売。もう1本はDVD「満淫電車 調書2」の初回限定版を公式通販で購入すると同梱されていたものとされています。前者はこちらのパッケージ付きのもの、後者はソフトのみとなります。

「ルナベース 地球防衛軍女子部 飛び出せ！野球拳3D」。ソフトに3Dグラスが同梱されており、3Dで野球拳が楽しめるという異色作です。

こちらは、グラッツコーポレーションのUMD-VIDEO。グラッツコーポレーションの「アイドルと野球拳」や、Peachの「めがせっ!! SuperSEXY麻雀」のようなソフトにもひっそりと廉価版が発売されています。UMD-VIDEOはコレクターが少ない未開の分野で、非常にフルコンプが難しいジャンルだと思います。筆者もコンプリートまで残り数本という所で止まっていますが、この魅力的なジャンルのコレクターが増えることを期待しています！

DVDにUMD-VIDEOが付いてくるケースは非常に多いため、次ページに一覧を作成しました。UMD-VIDEOのコンプリートを目指す方（いるの?）は、ぜひ活用してみてください。

●UMD-VIDEOが付属するDVDソフト一覧

タイトル	発売元
アッチェレランド ～堕天使たちの囁き～ CONTENTS.1「in the cafe」	ピンクパイナップル
アッチェレランド ～堕天使たちの囁き～ CONTENTS.2「in the school」	ピンクパイナップル
あねき…MY SWEET ELDER SISTER THE ANIMATION senior.1「早紀先輩」	ピンクパイナップル
あねき…MY SWEET ELDER SISTER THE ANIMATION senior.2「悪戯天使たち」	ピンクパイナップル
姉汁 THE ANIMATION ～白川三姉妹におまかせ～ Juice.1「お姉さんがしてあ・げ・る♪」	ピンクパイナップル
姉汁 THE ANIMATION ～白川三姉妹におまかせ～ Juice.2「お姉さんにもしてほ・し・い♪」	ケイエスエス販売
_SUMMER アンダーバーサマー season.1	SOFT GARAGE
_SUMMER アンダーバーサマー season.2	SOFT GARAGE
顔のない月 ゴールドディスクBOX「戯れ」	ピンクパイナップル
家庭教師のおねえさん～Hの偏差値あげちゃいます～ LESSON.1「初レッスンはいきなりドキドキ♥クライマックス!?」	ケイエスエス販売
家庭教師のおねえさん～Hの偏差値あげちゃいます～ LESSON.2「セカンドレッスンはドキドキ・ギンギン！コスプレ授業!?」	ケイエスエス販売
鬼作 ゴールドディスクBOX「完熟」	ピンクパイナップル
鬼作 魂 ゴールドディスクBOX「醜聞」	ピンクパイナップル
交響詩篇エウレカセブン 01	バンダイビジュアル
交響詩篇エウレカセブン 02	バンダイビジュアル
交響詩篇エウレカセブン 03	バンダイビジュアル
交響詩篇エウレカセブン 04	バンダイビジュアル
交響詩篇エウレカセブン 05	バンダイビジュアル
交響詩篇エウレカセブン 06	バンダイビジュアル
交響詩篇エウレカセブン 07	バンダイビジュアル
交響詩篇エウレカセブン 08	バンダイビジュアル
交響詩篇エウレカセブン 09	バンダイビジュアル
交響詩篇エウレカセブン 10	バンダイビジュアル
交響詩篇エウレカセブン 11	バンダイビジュアル
交響詩篇エウレカセブン 12	バンダイビジュアル
交響詩篇エウレカセブン 13	バンダイビジュアル
臭作 ゴールドディスクBOX「珠玉」	ピンクパイナップル
JINKI EXTEND Edition-Tokyo	キングレコード
JINKI EXTEND Edition-Venezuela	キングレコード
新体操(仮) 妖精たちの輪舞曲 ゴールドディスクBOX「倒錯の回旋曲」	ピンクパイナップル
初犬 The Animation Act.1「ストレンジ・カインド オブ ウーマン ♯1」	ピンクパイナップル
初犬 The Animation Act.2「ストレンジ・カインド オブ ウーマン ♯2」	ピンクパイナップル
人妻コスプレ喫茶2 Menu.1「恥ずかしいけど着てあげる♪」	ピンクパイナップル
人妻コスプレ喫茶2 Menu.2「今日はエッチなコスプレDAY☆」	ピンクパイナップル
フタコイ オルタナティブ Scene I	キングレコード
フタコイ オルタナティブ Scene II	キングレコード
フタコイ オルタナティブ Scene III	キングレコード
フタコイ オルタナティブ Scene IV	キングレコード
フタコイ オルタナティブ Scene V	キングレコード
フタコイ オルタナティブ Scene VI	キングレコード
フルメタル・パニック！ The Second Raid Act III Scene 01	ハピネット・ピクチャーズ
フルメタル・パニック！ The Second Raid Act III Scene 02+03	ハピネット・ピクチャーズ
フルメタル・パニック！ The Second Raid Act III Scene 04+05	ハピネット・ピクチャーズ
フルメタル・パニック！ The Second Raid Act III Scene 06+07	ハピネット・ピクチャーズ
フルメタル・パニック！ The Second Raid Act III Scene 08+09	ハピネット・ピクチャーズ
フルメタル・パニック！ The Second Raid Act III Scene 10+11	ハピネット・ピクチャーズ
フルメタル・パニック！ The Second Raid Act III Scene 12+13	ハピネット・ピクチャーズ
マジカル ウィッチ アカデミー THE ANIMATION LECTURE.1「魔法学園はハーレム♥？」	ピンクパイナップル
マジカル ウィッチ アカデミー THE ANIMATION LECTURE.2「触手で大パニック！」	ピンクパイナップル
妖怪大戦争	角川エンタテインメント
ローレライ	ボニーキャニオン
淫笑う看護婦 THE ANIMATION counseling.1「S系眼鏡お姉さまはお好き？」	ピンクパイナップル
淫笑う看護婦 THE ANIMATION counseling.2「バカ双子」	ピンクパイナップル

※UMD VIDEOは初回限定版などにのみ付属している場合があります。

5 その他の機種 編

ここまで、任天堂・セガ・ソニー系と、ハードメーカー別で解説してきました。しかし、ゲーム機はまだまだいろいろあり、それぞれに非売品や特殊なものがあります。この章では、PCエンジン（以下「PCE」）を中心に、ここまで採りあげてこなかったハードのものをまとめて紹介していきます。この記事の作成にあたっては、歴戦のPCEコレクターをはじめ、多くの方々の協力をいただきました。

PCE

PCエンジンの非売品ソフト

PCEの非売品ソフトとしては、『ダライアスα』や『パワーリーグ オールスター』などがよく知られており、高い人気を誇ります。しかしこれらや、キャラバン関連のスペシャルバージョンなどの知名度の高いソフトは、前巻で掲載しました。そこで今回は、さらにレアなもの、あまり知られていないものを中心に紹介します。

メンバー表

CECE			PAPA		

ファーム			ファーム		

PCE

［スーパーリアル麻雀PⅡ・Ⅲカスタムすぺしゃる☆］
［スーパーリアル麻雀PⅣカスタムすぺしゃる☆］

●ナグザット

『スーパーリアル麻雀PⅡ・Ⅲカスタム』『スーパーリアル麻雀PⅣ』各々で、クリアして応募した人向けに、抽選で極少数配布されたようです。製品版より過激な内容になっています。

ディスク盤面が金色なので、一瞬「おおっ！ゴー

ルドディスクなのか？」と思ってしまいますが、通常のCD-Rのようです。しかし、この手作り感もたまりません。「こなれていない外観」、「配布数の少なさ」、「ゲーム内容」、それらすべてがコレクターの心をとらえて離さない、極めて貴重な非売品ソフトです。

『スーパーリアル麻雀PⅡ・Ⅲカスタムすぺしゃる☆』。タイトルに「すぺしゃる☆」が追加されています。また、ゲーム中にも「非売品・限定版」の表示があります。
（協力：murakun）

『スーパーリアル麻雀PⅣカスタムすぺしゃる☆』。こちらにも、非売品であることを示す画面がありました。
（協力：murakun）

PCE

［天外魔境 電々の伝］

●ハドソン

『天外魔境』のキャラクターを使った『ボンバーマン』。ハドソンの会報誌「ユーモアネットワーク」の定期購読会員等に配られたようです。こちらは、数多く配布され、手に入れやすくなっています。

PCE

［ハドソン・コンピュータ・デザイナーズ・スクール 卒業アルバム］

●ハドソン

　ハドソンが設立したゲーム制作者育成スクール「ハドソン・コンピュータ・デザイナーズ・スクール」。その卒業制作作品を収録したソフトだと思われます。一時期、年度毎に制作されていたようで、正確な裏付けは取れていませんが、「平成3年度」、「平成4年度」、「平成5年度」、「平成6・7年度」が存在するようです。

　前述の『スーパーリアル麻雀カスタムすぺしゃる☆』同様、盤面なども飾り気が少なく、手作り感の強い外観です。

『ハドソン・コンピュータ・デザイナーズ・スクール 卒業アルバム 平成3年度』。
（協力：murakun）

『ハドソン・コンピュータ・デザイナーズ・スクール 卒業アルバム 平成5年度』。
（協力：murakun）

PCE

［天外魔境ZIRIA］

●ハドソン

　市販された同名タイトルのSUPER CD-ROM²対応版です。PCエンジンDuoの購入キャンペーンで配布されたようです。大量に出回っており、非売品ソフトとしては手に入れやすい品です。

このページでは、「知ってるだけですごい」「見たことがあるだけでも普通じゃない」という次元の貴重な非売品ソフトを2本ご紹介します。

PCE
［金魚］
●ハドソン

『金魚』というPCE用のHuカードがあります。PCエンジンの性能評価用にハドソンが製作したソフトで、起動すると画面を金魚が泳ぎ回るというものです。PCEの描画能力を高いレベルで使いこなしていると思われ、画面はかなり綺麗です。

PCE
［宇宙飛行士適正テスト着陸シミュレーション］

1989年に開催された横浜博覧会に、NECのパピリオンが出展されました。そのパピリオンで遊ぶことができたソフトです。

正式名称は不明ですが、起動すると画面に「宇宙飛行士適正テスト着陸シミュレーション」と表示され、これがタイトル名と思われます。

月面と思われる場所で、ロケットのようなものを操ってゴールに着地するという内容です。ゴールすると「宇宙飛行士適正テストに合格しました」と褒めてもらえます。しかし強い慣性が付いており、操作がなかなか難しいです。慣性の強い『アストロロボSASA』という感覚です。

乱気流が吹くこともあり、時間内（燃料切れ）までにゴールにたどり着けないと、「あなたは探査機を操縦する資格がありません」と言われます。この手厳しいメッセージも、時代性を感じさせて気に入っております。

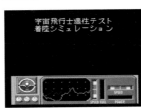

PCE
[カトちゃんケンちゃん（ゴールド）]
[妖怪道中記（ゴールド）]

経緯や出所は不明ながら、ゴールドで特別感のあるソフトです。「三菱樹脂と書かれた表紙」「ゴールドのケース」「ゴールドのHuカード」の3つが揃って完品となります。

裏付けは取れていませんが、関係者向けの記念的な意味合いで作成されたものではないかと推測しております。筆者は、ケースのみ所持しております。

PCE
[ケース付きサンプル版]

こちらも、制作の経緯や出所は不明です。開発版のような見た目のHuカードが、高級感のある厳かなケースに入っています。ケースの内側には「三菱樹脂」と記載されています。

いくつかのゲームで同様の外観のものが確認されており、筆者が所持もしくは目撃したことがあるのは、『改造町人シュビビンマン』『ガイアの紋章』（メサイヤ）、『ボンバーマン93スペシャルバージョン』（ハドソン）の3作です。『ガイアの紋章』のものは、「MASTER」と手書きされています。

『ボンバーマン93スペシャルバージョン』は非売品ソフトなので、非売品ソフトの開発版・サンプル版という珍しいシロモノです。

ちなみに、『シュビビンマン』のものを少しプレイしてみたところ、市販版と同内容のように思えました。発売直前のバージョンなのかもしれません。

PCE
『改造町人シュビビンマン』。

PCE
『ボンバーマン93スペシャルバージョン』。
（協力：あかりパパ）

PCE『ガイアの紋章』。（協力：タニン）

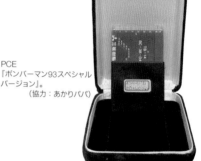

未発売ソフト

開発が進んだものの、なんらかの理由で発売されなかったソフト。その開発版やサンプル版は、「未発売ソフト」として珍重されます。

PCE
［魔法の少女シルキーリップ 三人の女王候補］

●日本テレネット　協力：ayuayuwing

　SUPER CD-ROM²の未発売ソフト。メガCD『魔法の少女シルキーリップ』をもとに、さまざまな追加・変更を加えたものとして開発されていたようです。PCEの未発売ソフトの中では比較的有名なソフトで、複数のバージョンが世に出回っています。

　この貴重なソフトを、筆者は、とあるものすごいコレクター様より譲っていただきました！　現在、筆者の手元に『魔法の少女シルキーリップ 三人の

サンプル版3種。8/20、11/25、12/20と日付が記されています。

女王候補』が3枚あります。バージョン2.0、同6.0、同7.0です。

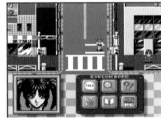

バージョン2.0。まだ開発初期という感じの内容です。タイトル画面がシンプルで、ゲーム内容も小さなマップ内を歩き回る程度です。登場キャラの一人イザベラがいて、話しかけることができます。会話が終わると開発者からのメッセージが出ます。

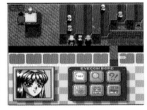

バージョン6.0。タイトル画面が出来上がってきました。内容的にも、ゲームらしくなってきています。

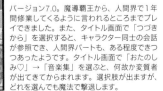

バージョン7.0。魔導覇王から、人間界で1年間修業してくるように言われるところまでプレイできました。また、タイトル画面で「つづきから」を選択すると、キャラクター同士の会話が参照でき、人間界パートも、ある程度できつつあったようです。タイトル画面で「おたのしみ♡」→「音楽集」を選ぶと、何故か変質者が出てきてからまれます。選択肢が出ますが、どれを選んでも魔法で撃退します。

お金で手に入れることはできたけど激レア

PCE
［アクティブ・ライフ・ネットワーク］

●MAC21　協力：PCエンジン研究会

　会員制の結婚情報サービス「アクティブ・ライフ・ネットワーク」において、PCEのCD-ROM²による結婚情報の提供が行われていたようです。ファミコン通信1989年5月12・26日号では、「お見合い相手の簡単なデータが入ったCD-ROM」が送られてくると紹介されていました。

　そして実際に、そのソフトをお持ちの方が日本に実在しました！　ゲームを起動すると、会員番号と暗証番号を要求されるようなので、中身を見るのはまたハードルが高そうです。

PCエンジン結婚情報サービス！

ファミコン通信1989年5月12・26日号。会員になると、CD-ROMとゲーム機が送られてきたようです。　　（協力：鯨武 長之介）

PCE
［キッズステーション］

●NECホームエレクトロニクス

　PCEでも屈指のレアソフトで、レアすぎていまいち全貌が分かっていない（少なくとも筆者は）ソフトです。シリーズで6本あったようです。

　昔、筆者は、これのフルセットを購入できるチャンスがあったのですが、「PCEは守備範囲外だから」と断ってしまいました。激しく後悔しております。

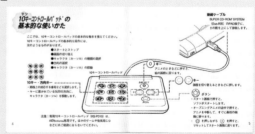

専用のコントロールパッドもありました。（協力：酒缶）

あいうえお／あっちこっちどっち／こどものあそび／ことばあそび（協力：酒缶）

見たことのない非売品

雑誌などに情報があるものの、現存するのかどうか分かっていない幻のソフトたちです。

PCE
[メガパラ スロット・ゲーム]
●メディアワークス

電撃PCエンジン 1994年8月号に、50名にプレゼントする旨の記事がありました。元はおもちゃショー用に開発されたもののようです。実物を見たことがなく、配布されなかった可能性もあります。

協力：PCエンジン研究会

PCE
[誕生 激闘篇]
●NECアベニュー

PCEngineFAN 1994年10月号において、発売延期のお詫びとして20名にプレゼントする旨の記載がありましたが、実際には配布されなかったという噂があります。実際、長年誰も見たことがありません。

協力：PCエンジン研究会

PCE
[クラックスVer0.1]
●テンゲン

マル勝PCエンジン1992年1月号に、創刊3周年記念企画で1名にプレゼントする旨の記事がありました。内容としては、開発途中版のようです。実際に配布されたのか、現存しているのか、などは全く不明となっています。

協力：PCエンジン研究会

PCE
[コズミックやきゅうけん完全版]
●日本テレネット

PCE『コズミック・ファンタジー4』をクリアして応募すると20名にプレゼント……される予定だったそうですが、完成に至らなかったようです。

越智一裕氏の同人誌「コズミック・ファンタジー 設定資料集DX」で、「未完成のままシリーズのプロジェクトが終了してしまったため幻のソフトに」との記載があり、おそらくは未配布に終わったのではないかと思われます。

協力：PCエンジン研究会

PCE
[ハイテク王国 コロコロヒーロー・PCエンジン・ゲームラリー]

第5回のキャラバンで、コロコロのキャラクターを使ったゲームがプレイできたようです。コロコロコミック1989年8月号に、ゲーム画面や内容紹介が掲載されていました。

協力：PCエンジン研究会

PCE
[Hi-TENボンバーマン]
●ハドソン

第1回ハドソンスーパーキャラバン（1993年。ハドソンのキャラバンとしては9回目。「スーパーキャラバン」としては1回目）と同第2回（1994年）で、ハイビジョン用10人対戦ボンバーマン大会が開催されました。その専用ソフトです。

協力：PCエンジン研究会

PCEの体験版ソフト

PCEのCD-ROM²では、体験版ソフトも多数作られました。『フェイスボール 体験版』『ボンバーマン'94 体験版』『フラッシュハイダース体験版』などはユーザーに配布されたもので、パッケージが付いています。『ラプラスの魔 PREVIEW DISK』は、申し込めば購入できました。さらに、店頭デモ用などもいろいろと存在するのです。

PCE ［フェイスボール 体験版］
協力：PCエンジン研究会

PCE ［ボンバーマン'94 体験版］
協力：PCエンジン研究会

PCE ［フラッシュハイダース（体験版）］
協力：PCエンジン研究会

PCE ［ラプラスの魔 PREVIEW DISK］
協力：PCエンジン研究会

PCE ［フレイ（体験版）］
協力：ayuayuwing

PCE ［ぽっぷるメイル SAMPLE］
協力：ayuayuwing

PCE［ブライII
闇皇帝の逆襲
体験PLAY版］

PCE［ゴジラ
爆闘烈伝
SAMPLE］

PCE［風の伝説ザナドゥ
SAMPLE
（店頭デモ）］

PCE［エメラルド
ドラゴン
店頭デモ用］

PCE［アドヴァンスト
ヴァリアブル・ジオ
SAMPLE］

PCE［マッドストーカー
体験版］

PCE［リンダキューブ
体験版］

PCE［AYA（体験版）］

PCE［スタートリング
オデッセイII
店頭用サンプル］

PCE「アルナムの牙 SAMPLE」

PCE「空想科学世界 ガリバーボーイ Huビデオ体験版」

PCE「店頭用デモサンプル SUPER-CD-DEMO²」

PCE「イースⅣ（体験版）」

PCE「機動警察パトレイバー グリフォン篇（店頭デモ）」

▶▶ 海外の非公式ソフト

　PCEでは、ライセンス無しで作られた非公式ソフトも多数現れました。国内では、ハッカーインターナショナルの非公式ソフトをはじめとするアダルトソフトが知られています。

　そうしたものは海外でも作られていたようです。筆者の知る範囲で『BIKINI GIRLS』『The Local Girls of Hawaii』『HAWAIIAN ISLAND GIRLS』は、いずれも海外で発売された非公式ソフト。中身はグラビア写真集で、MACからの移植のようです。

PCE
［THE 功夫（回収版）］
●ハドソン

筆者の手元に、Huカードに穴が開けられたPCE
『THE 功夫』があります。また、ケースに注意書きの
紙が貼られており「入電時、画面が赤色になってしま
う事があります」という不穏な記載があります。

こちらについては、同人誌「ハドソン伝説3　PC
エンジン誕生編」（岩崎啓眞著）や、「ゲームラボ 2022
春夏」掲載の同氏の記事に詳しい記述がありました。

それによると、『THE 功夫』は本体と同時発売の予
定だったが、1987年10月のイベントで不具合が発見
され、回収になったとあります。そして、回収された
ソフトについては、「商品と区別がつくようにカード
に穴を開け、注意書きをつけて販売店に配布された」
（ゲームラボ 2022春夏より）そうです。

このカードは、商品化前にカード化したものです。
その為に入電時、画面が赤色になってしまう事が
あります。　その時は再入電して下さい。

PCE
［THE 功夫 サンプル版］
●ハドソン

上記とは別にサンプル版
も存在します。こちらはタ
イトル画面も市販版と異な
り、「PUSH START BUT
TON！」と表示されていま
す（PCEの開始ボタンは
「RUN BUTTON」）。

上記の岩崎氏の記事によ
ると、コントローラのボタ
ンの名称が「START」から
「RUN」に変更されたのは
ギリギリのタイミングで、
PCE『上海』は修正が間に
合わず、市販版のタイトル
画面にも「START BUTT
ON」の表記が残ってしま
ったということです。

協力：タニン

NGP

NGP

［PP-AA01 PUSHER PROGRAM 本体コントローラー側］

●アルゼ

　ゲーセンなどで業務用に使用されていたと思われるネオジオポケットのソフトです。2001年頃に発売されたプライズマシーン「PP-AA01」「CP-AA02」の設定操作に使用していたようです。

　「PP-AA01」「CP-AA02」については、月刊アルカディア2001年8月号に紹介記事がありました。PP-AA01はクレーン型、CP-AA02はプッシャー型のプライズマシンで、自動的に難易度を調整する「チャンスアップ」や、赤外線通信のリモコンで取得率などを調整する「ポケットマネージャー」という機能が搭載されているとのことです。

　この「ポケットマネージャー」を利用するにあたって、この『PP-AA01 PUSHER PROGRAM 本体コントローラー側』をセットしたネオジオポケット本体を、コントローラーとして使用していたと推測されます。通常の本体で起動してみたところ、「ゲーム難易度設定」「料金設定」などのメニューがありました。

カートリッジの裏側に溝があり、「SLIDE IN」と刻印されています。

月刊アルカディア 2001年8月号より。「PP-AA01」「CP-AA02」の「ポケットマネージャー」について、「赤外線通信のリモコンで、なんと稼働中に取得率やサービス調整を遠隔操作できてしまうのだ。」と紹介されていました。　　　　　　　（協力：ナポりたん）

通常のネオジオポケット本体で起動できます。ゲーム難易度設定、デモサウンド設定、料金設定、アドバタイズ設定、時間設定というメニューがありました。ゲーム難易度設定の中には、チャンスアップ、難易度固定、という項目があります。

ネオジオポケットの体験版

ネオジオポケットには、「体験版ソフト」というものが存在します。おそらく店頭用として使用されていたもので、いずれも入手は困難です。

デザインはシンプルで、統一されています。半透明のケースに入っており、集合写真はカセットを取り出した状態で撮影しています。

NGP『キング・オブ・ファイターズR-1＆めろんちゃんの成長日記 体験版』。これのみ専用のケースがあります。また、「体験版ソフト」ではなく「体験版」の表記で、ラベルのデザインも異なります。

●ネオジオポケット体験版ソフト一覧

SNK VS CAPCOM激突カードファイターズ 体験版ソフト（オートデモ版）
SNK VS CAPCOM激突カードファイターズ Ver.2（SNKサポーターズVer）体験版ソフト
キング・オブ・ファイターズR-2 体験版ソフト
キング・オブ・ファイターズR-2 ver.2 体験版ソフト
ソニック・ザ・ヘッジホッグ 体験版ソフト
デルタワープ 体験版ソフト
ネオチェリーマスター 体験版ソフト
バイオモーターユニトロン 体験版ソフト
パズルボブル ミニ 体験版ソフト
パックマン 体験版ソフト
ビッグトーナメントゴルフ 体験版ソフト
ビックリマン2000 ビバ！ポケットフェスチバァ！体験版ソフト
マジカルドロップポケット 体験版ソフト
メタルスラッグ ファーストミッション 体験版ソフト
メタルスラッグ セカンドミッション 体験版ソフト
キング・オブ・ファイターズR-1＆めろんちゃんの成長日記 体験版ソフト
ロックマンバトル＆ファイターズ 体験版
餓狼伝説 ファーストコンタクト 体験版ソフト
頂上決戦最強ファイターズ 体験版ソフト
電車でGO!2 ON ネオジオポケット 体験版ソフト

●SNK VS CAPCOM 激突カードファイターズ 体験版ソフト（オートデモ版）

名称の通り、オートデモです。電源を入れると、「このソフトは、プロモーション用のオートデモ版です。」と表示され、少し製品版と違う（音等）オープニングの後、デモが始まります。ネオジオワールドで色々な人に話し掛け、「聞いたかい？あのウワサ。」「もうすぐね！今から楽しみ！」「あのゲーム凄いらしい。」などと言われます。さらに、キャップに対戦を申し込まれ、対戦かと思いきや、CMとゲーム解説が始まります。最後に「こう御期待！発売予定10月21日、定価3800円」で終わります。テンポが良すぎるぐらいの流れです。

●キング・オブ・ファイターズ R-2 体験版ソフト

オープニングのアニメーションデモが無く、遊べるメニューも「体験版」というストーリーモードの1戦目だけです。「レオナ、キョウ、イオリ」という珍しい組み合わせの「たいけんばん せんばつ チーム」を選べます。1戦目が終わると、文章と画像による宣伝が始まり、最後に「3月19日発売 こう御期待！」と出て終わります。

●キング・オブ・ファイターズ R-2 バージョン2 体験版ソフト

体験版としては珍しく、バージョン2があります。オープニングは製品版と全く同じで、スタート画面に「体験版」と表示。メニュー等も製品版に近くなっています。「KOF」モードは、2戦目まで遊べます。「メイキング」モードは1戦目まで。「スパーリング」モードは、タイムが60に固定。いずれも、終了すると、「3月19日発売 こう御期待！」と表示されます。

●ソニック・ザ・ヘッジホッグ 体験版ソフト

なんと、製品版には無いオープニングがあります。アニメーションで、ソニック、ナックルズ、テイルスのキャラ別紹介。ストーリーモードは、1面の最後まで遊べます。クリアすると「この続きは、製品版でね」と、ソニックがウインクしてくれます。

WS

［デジモンテイマーズ バトルスピリット（英語版）］

●バンダイ

　明確な裏付けが取れていないのですが、どうやら『デジモンテイマーズ バトルスピリット』の大会優勝者等に配布されたもののようです。何も書かれていない白い箱に入っています。

　通常版のソフトはクリア素材ですが、このカートリッジは白で、ゲーム内容は英語版（なのに海外では未発売）となっています。

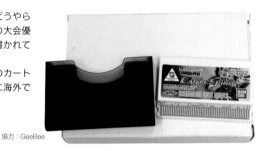

協力：GeeBee

［ワンピース グランドバトル スワンコロシアム SAMPLE EDITION］

●バンダイ

　起動すると、まず「SAMPLE EDITION」の文字が表示されます。また、最初からすべての手配書をコンプリートしています。

　このソフトを入手した際、「すべての手配書をコンプリートしている」のが、「サンプル版だから」なのか、それとも「前の持ち主がやりこんだ」のか判別がつかなかったため、データを初期化して確かめました。「もしこれでデータが消えて市販品と同じになってしまったらどうしよう」と、ドキドキものでした。

左がサンプル版。バンダイロゴの有無のほか、端子部分に違いが見られます。

［ポケットチャレンジV2用ソフト］

●ベネッセコーポレーション

　ベネッセが出した学習用端末「ポケットチャレンジV2」は、ワンダースワンと互換性がありました。

　「カートリッジ差込口の形状が異なっていて、そのままでは使えない」「ボタン配置が違う」等はあるものの、ポケットチャレンジV2用ソフトは、WSで起動できます。ポケットチャレンジV2関連は非常に数が多いため、次ページからリストにまとめて掲載します。

協力：GeeBee

●ポケットチャレンジV2一覧　寄稿：GeeBee

発売年	型番等	価格	タイトル	備考
2004	2004～2008	6,600円	ポケットチャレンジ V2 本体（スノーオレンジ　※ホワイトでボタンがオレンジ）	WSを利用した電子教材。ただし、ロムサイズが違い、通常のWS本体にはロムを刺せないため、専用の本体がある。WSのOEM品のため、差し口を改造するとWSでも起動する。逆にポケットチャレンジでWSソフトの起動も可能（ただしボタン配置が違うためプレイは困難）。
2004	2004～2008	6,600円	ポケットチャレンジ V2 本体（スノーグリーン　※ホワイトでボタンがグリーン）	
2004	2004～2008	6,600円	ポケットチャレンジ V2 本体（ディープブルー）	
2007	-----	1,000円	ポケットチャレンジ V2 キャリングケース	
2004	-----	170円	ポケットチャレンジ V2 専用イヤホン	
	-----	非売品	ポケットチャレンジ V2 体験CD-ROM（CD）	
	-----	非売品	ポケットチャレンジ V2 専用台	中学好スタートダッシュセットと一緒に本体を買うとプレゼントされた。
●小学生向け				
???	???	???	ポケットチャレンジ V2 小学校総まとめ（国・算・理・社）	レア
2006	6FP104	24,770円	ポケットチャレンジ V2 小学校総まとめ（国・算・理・社）＋中1英数国パック [7PZ]	「中学好スタートダッシュセット5教科＋小学校総まとめ」に付いていたソフトで、単体の販売は無し（その他、9教科などのセット2つにも付属）。同セットには「キャリングケース」と「専用イヤホン」も同梱。
●高校受験				
2004	4BI710	7,800円	ポケットチャレンジ V2 高校受験（5教科）[4G]	
2004	4BI716	7,800円	ポケットチャレンジ V2 高校受験（5教科）[4GG]	ソフト内の記載ミスの改訂版？
2005	5FI710	7,800円	ポケットチャレンジ V2 高校受験（5教科）[5G]	
2006	6FI710	7,800円	ポケットチャレンジ V2 高校受験（5教科）[6G]	
2004	4FI720	6,000円	ポケットチャレンジ V2 高校受験EX（合格特講700）[4EX]	レア
2005	5FI900	12,858円	ポケットチャレンジ V2 高校受験Vパック [5PX]	高校受験（5教科）・高校受験EX（合格特講700）完全対応版
2006	6FI901	12,858円	ポケットチャレンジ V2 高校受験5教科パック＋入試テーマ別特講 [7PX]	
2006	6FE304	3,800円	ポケットチャレンジ V2 高校受験英語＋入試リスニング特講 [7GE]	超激レア
2006	6FK304	3,800円	ポケットチャレンジ V2 高校受験国語＋入試古文特講 [7GJ]	超激レア
2006	6FH304	3,800円	ポケットチャレンジ V2 高校受験社会＋入試資料問題特講 [7GB]	超激レア
2006	6FM304	3,800円	ポケットチャレンジ V2 高校受験数学＋入試融合・応用問題特講 [7GM]	超激レア
2006	6FF404	3,800円	ポケットチャレンジ V2 高校受験理科＋入試ニガテ単元特講 [7GL]	超激レア
●総合				
2005	5FP101	9,800円	ポケットチャレンジ V2 中1 英数国パック [5PA]	NEW HORIZON, COLUMBUS21対応版
2005	5FP102	9,800円	ポケットチャレンジ V2 中1 英数国パック [5PB]	SUNSHINE, ONE WORLD対応版
2005	5FP103	9,800円	ポケットチャレンジ V2 中1 英数国パック [5PC]	NEW CROWN, TOTAL ENGLISH対応版
2006	6FP101	9,800円	ポケットチャレンジ V2 中1 英数国パック [6PA]	NEW HORIZON, COLUMBUS21対応版
2006	6FP102	9,800円	ポケットチャレンジ V2 中1 英数国パック [6PB]	SUNSHINE, ONE WORLD対応版
2006	6FP103	9,800円	ポケットチャレンジ V2 中1 英数国パック [6PC]	NEW CROWN, TOTAL ENGLISH対応版
2007	6FP105	9,800円	ポケットチャレンジ V2 中1 英数国パック [7P]	
2004	4BP201	9,800円	ポケットチャレンジ V2 中2 英数国パック [4PD]	NEW HORIZON, COLUMBUS21対応版
2004	4BP202	9,800円	ポケットチャレンジ V2 中2 英数国パック [4PE]	SUNSHINE, ONE WORLD対応版
2004	4BP203	9,800円	ポケットチャレンジ V2 中2 英数国パック [4PF]	NEW CROWN, TOTAL ENGLISH対応版
2006	6FP201	9,800円	ポケットチャレンジ V2 中2 英数国パック [6PD]	NEW HORIZON, COLUMBUS21対応版
2006	6FP202	9,800円	ポケットチャレンジ V2 中2 英数国パック [6PE]	SUNSHINE, ONE WORLD対応版
2006	6FP203	9,800円	ポケットチャレンジ V2 中2 英数国パック [6PF]	NEW CROWN, TOTAL ENGLISH対応版
2007	6FP211	9,800円	ポケットチャレンジ V2 中2 英数国パック [7PD]	NEW HORIZON, COLUMBUS21対応版
2007	6FP212	9,800円	ポケットチャレンジ V2 中2 英数国パック [7PE]	SUNSHINE, ONE WORLD対応版
2007	6FP213	9,800円	ポケットチャレンジ V2 中2 英数国パック [7PF]	NEW CROWN, TOTAL ENGLISH対応版
2005	5FP301	9,800円	ポケットチャレンジ V2 中3 英・数・公民パック [5PG]	NEW HORIZON, COLUMBUS21対応版
2005	5FP302	9,800円	ポケットチャレンジ V2 中3 英・数・公民パック [5PH]	SUNSHINE, ONE WORLD対応版
2005	5FP303	9,800円	ポケットチャレンジ V2 中3 英・数・公民パック [5PI]	NEW CROWN, TOTAL ENGLISH対応版
2006	6FP301	9,800円	ポケットチャレンジ V2 中3 英・数・公民パック [6PG]	NEW HORIZON, COLUMBUS21対応版
2006	6FP302	9,800円	ポケットチャレンジ V2 中3 英・数・公民パック [6PH]	SUNSHINE, ONE WORLD対応版
2006	6FP303	9,800円	ポケットチャレンジ V2 中3 英・数・公民パック [6PI]	NEW CROWN, TOTAL ENGLISH対応版
2007	6FP311	9,800円	ポケットチャレンジ V2 中3 英・数・公民パック [7PG]	NEW HORIZON, COLUMBUS21対応版
2007	6FP312	9,800円	ポケットチャレンジ V2 中3 英・数・公民パック [7PH]	SUNSHINE, ONE WORLD対応版
2007	6FP313	9,800円	ポケットチャレンジ V2 中3 英・数・公民パック [7PI]	NEW CROWN, TOTAL ENGLISH対応版
●英語				
2002	2BK931	4,200円	ポケットチャレンジ V2 英検 3級・4級 [2QB]	
2007	6FQ410	5,000円	ポケットチャレンジ V2 チャレンジ英和辞典 [7JE]	
2002	2BB111	3,400円	ポケットチャレンジ V2 中1 ENGLISH [2EA]	NEW HORIZON, COLUMBUS21対応版
2002	2BB112	3,400円	ポケットチャレンジ V2 中1 ENGLISH [2EB]	SUNSHINE, ONE WORLD対応版

発売年	型番等	価格	タイトル	備考
2002	2BB113	3,400円	ポケットチャレンジ V2 中1 ENGLISH [2EC]	NEW CROWN, TOTAL ENGLISH対応版
2003	3BB111	3,400円	ポケットチャレンジ V2 中1 ENGLISH [3EA]	NEW HORIZON, COLUMBUS21対応版
2003	3BB112	3,400円	ポケットチャレンジ V2 中1 ENGLISH [3EB]	SUNSHINE, ONE WORLD対応版
2003	3BB113	3,400円	ポケットチャレンジ V2 中1 ENGLISH [3EC]	NEW CROWN, TOTAL ENGLISH対応版
2004	4BB111	3,400円	ポケットチャレンジ V2 中1 ENGLISH [4EA]	NEW HORIZON, COLUMBUS21対応版
2004	4BB112	3,400円	ポケットチャレンジ V2 中1 ENGLISH [4EB]	SUNSHINE, ONE WORLD対応版
2004	4BB113	3,400円	ポケットチャレンジ V2 中1 ENGLISH [4EC]	NEW CROWN, TOTAL ENGLISH対応版
2006	???	3,400円	ポケットチャレンジ V2 中1 ENGLISH [6EA]	NEW HORIZON, COLUMBUS21対応版
2006	???	3,400円	ポケットチャレンジ V2 中1 ENGLISH [6EB]	SUNSHINE, ONE WORLD対応版
2006	???	3,400円	ポケットチャレンジ V2 中1 ENGLISH [6EC]	NEW CROWN, TOTAL ENGLISH対応版
2003	3BB211	3,400円	ポケットチャレンジ V2 中2 ENGLISH [3ED]	NEW HORIZON, COLUMBUS21対応版
2003	3BB212	3,400円	ポケットチャレンジ V2 中2 ENGLISH [3EE]	SUNSHINE, ONE WORLD対応版
2003	3BB213	3,400円	ポケットチャレンジ V2 中2 ENGLISH [3EF]	NEW CROWN, TOTAL ENGLISH対応版
2006	6FB211	3,400円	ポケットチャレンジ V2 中2 ENGLISH [6ED]	NEW HORIZON, COLUMBUS21対応版
2006	6FB212	3,400円	ポケットチャレンジ V2 中2 ENGLISH [6EE]	SUNSHINE, ONE WORLD対応版
2006	6FB213	3,400円	ポケットチャレンジ V2 中2 ENGLISH [6EF]	NEW CROWN, TOTAL ENGLISH対応版
2004	4BB311	3,400円	ポケットチャレンジ V2 中3 ENGLISH [4EG]	NEW HORIZON, COLUMBUS21対応版
2004	4BB312	3,400円	ポケットチャレンジ V2 中3 ENGLISH [4EH]	SUNSHINE, ONE WORLD対応版
2004	4BB313	3,400円	ポケットチャレンジ V2 中3 ENGLISH [4EI]	NEW CROWN, TOTAL ENGLISH対応版

●数学

発売年	型番等	価格	タイトル	備考
2002	2BM110	3,400円	ポケットチャレンジ V2 中1 数学 [2M1]	
2003	3BM210	3,400円	ポケットチャレンジ V2 中2 数学 [3M2]	
2006	???	3,400円	ポケットチャレンジ V2 中2 数学 [6M2]	
2004	4BM310	3,400円	ポケットチャレンジ V2 中3 数学 [4M3]	

●国語

発売年	型番等	価格	タイトル	備考
2006	6FK940	4,200円	ポケットチャレンジ V2 漢検 3級・4級・5級 [6QK]	
2002	2BK401	3,400円	ポケットチャレンジ V2 中一国語・百人一首 [2JA]	
2003	3BK210	3,400円	ポケットチャレンジ V2 中二国語 [3JA]	
2006	6BK210	3,400円	ポケットチャレンジ V2 中二国語 [6J2]	

●理科

発売年	型番等	価格	タイトル	備考
2002	2BF400	6,700円	ポケットチャレンジ V2 中学理科パック [2PL]	1分野ソフト・2分野ソフト完全対応版
2006	6FF420	6,700円	ポケットチャレンジ V2 中学理科パック [4PL]	1分野ソフト・2分野ソフト完全対応版
2005	5FF400	6,700円	ポケットチャレンジ V2 中学理科パック [5PL]	1分野ソフト・2分野ソフト完全対応版
2006	6FF400	6,700円	ポケットチャレンジ V2 中学理科パック [6PL]	1分野ソフト・2分野ソフト完全対応版
2006	6FF401	6,700円	ポケットチャレンジ V2 中学理科パック [7PL]	1分野ソフト・2分野ソフト完全対応版
2002	2BF411	3,400円	ポケットチャレンジ V2 中学理科 (1分野) [2L1]	
2005	5FF411	3,400円	ポケットチャレンジ V2 中学理科 (1分野) [5L1]	
2006	6FF421	3,400円	ポケットチャレンジ V2 中学理科 (1分野) [4L1]	
2002	2BF412	3,400円	ポケットチャレンジ V2 中学理科 (2分野) [2L2]	
2005	5FF412	3,400円	ポケットチャレンジ V2 中学理科 (2分野) [5L2]	
2006	6FF422	3,400円	ポケットチャレンジ V2 中学理科 (2分野) [4L2]	

●社会

発売年	型番等	価格	タイトル	備考
2002	2BD400	6,700円	ポケットチャレンジ V2 中学地理・歴史パック [2PS]	地理ソフト・歴史ソフト完全対応版
2003	3BD400	6,700円	ポケットチャレンジ V2 中学地理・歴史パック [3PS]	地理ソフト・歴史ソフト完全対応版
2004	4BD400	6,700円	ポケットチャレンジ V2 中学地理・歴史パック [4PS]	地理ソフト・歴史ソフト完全対応版
2006	6FD400	6,700円	ポケットチャレンジ V2 中学地理・歴史パック [6PS]	地理ソフト・歴史ソフト完全対応版
2007	6FD401	6,700円	ポケットチャレンジ V2 中学地理・歴史パック [7PS]	地理ソフト・歴史ソフト完全対応版 歴史重要用語辞典 収録
2002	2BD410	3,400円	ポケットチャレンジ V2 中学地理 [2C]	
2003	3BD410	3,400円	ポケットチャレンジ V2 中学地理 [3C]	
2004	4BD410	3,400円	ポケットチャレンジ V2 中学地理 [4C]	
2002	2BC410	3,400円	ポケットチャレンジ V2 中学歴史 [2R]	
2004	6BE310	3,400円	ポケットチャレンジ V2 中学公民 [4K]	
2006	6FE310	3,400円	ポケットチャレンジ V2 中学公民 [6K]	
2007	???	3,400円	ポケットチャレンジ V2 中学公民 [7K]	

●実技

発売年	型番等	価格	タイトル	備考
2002	2BG410	3,800円	ポケットチャレンジ V2 実技4教科 [2BG]	技術家庭 保健体育 音楽 美術
2003	3BG410	3,800円	ポケットチャレンジ V2 実技4教科 [3BG]	技術家庭 保健体育 音楽 美術
2005	5FG410	3,800円	ポケットチャレンジ V2 実技4教科 [5BG]	技術家庭 保健体育 音楽 美術
2005	5FG411	3,800円	ポケットチャレンジ V2 実技4教科 [5FG]	技術家庭 保健体育 音楽 美術
2006	6FG410	3,800円	ポケットチャレンジ V2 実技4教科 [6FG]	技術家庭 保健体育 音楽 美術
2007	6FG401	3,800円	ポケットチャレンジ V2 実技4教科 [7F1]	技術家庭 保健体育 音楽 美術
2007	6FG402	3,800円	ポケットチャレンジ V2 実技4教科 [7F2]	技術家庭 保健体育 音楽 美術

3DO

［スクランブル コブラ プレミアムバージョン］

●パック・イン・ビデオ

3DO『スクランブル コブラ』の
やりこみの景品として100名にプ
レゼントされました。最終面をク
リアして応募すると、先着100名
にプレゼントされたようです。

こちらは、3DO『スクランブル コ
ブラ』のデモ用サンプルソフトです。
見た目が似ているので混同されるこ
とがあります。

市販版の3DO『スクラン
ブル コブラ』のパッケー
ジに貼られていた、キャン
ペーン告知シールです。

その他の3DO非売品ソフトなど

3DOの非売品ソフトとしては他に『自衛隊ワールド』
『System Catalog 企業向けシステムのご案内』『トヨタ
ホーム The Technology マルチメディアカタログ』『バッ
テリーナビ』『同2』等があります（残念ながら、筆者は
所持していません）。

また、デモ版・サンプル版なども多数存在します。「デ
モンストレーション版」と書かれているものが多いよう
です。

▶▶ M2システム用ソフト『ぽんぽんらんど』

3DOの後継機「3DO M2」は、あえなく発売中止になってし
まいましたが、一部で業務用機器として使用されていたようで
す。そのM2用のソフトで、「M2システム専用 CD-ROM」と
書かれています。発売元は、城南電器工業所となっています。

一般家庭では起動環境がありませんので、筆者はこのソフト
を動作させることができていません。加えて、業務用ソフトの
ため見た目も簡素です。専用ケースも説明書も無い、ただの
CD-ROMです。持っていても何の意味もなさそうな一品です
が、そんなところに魅力を感じるようになったら変態コレクタ
ーとして一皮むけた感があります。

Playdia

プレイディアの非売品は、前巻でも少し掲載しましたが、その後追加で何本か入手し、おそらくすべてを集めることができました。改めて、まとめて掲載します。

- ・ゴー！ゴー！アックマン・プラネット
- ・4大ヒーローBATTLE大全
- ・けろけろけろっぴ ウキウキパーティーランド!!
- ・バンダイ・アイテムコレクション70'
- ・Playdia IQ Kids サンプルソフト
- ・祐実とトコトンプレイディア
- ・祐実とトコトンプレイディア 店頭用サンプルソフト
- ・Playdia サンプルソフト

［みちゃ王用ディスク 戦隊シリーズ］

●バンプレスト

「みちゃ王」は、デパートや玩具店などに置かれていた筐体で、お金を入れるとムービーを見ることができました。この中に組み込まれていたのが、プレイディア本体でした。筆者はみちゃ王用ディスクの「戦隊シリーズ」を所持していますが、他にもあると思われます。

前巻ではディスクのみ掲載しましたが、付属の資料も掲載させていただきます。プレイディア研究家のお役に立てれば幸いです。

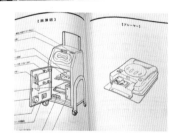

▶▶ CD-i MOTHER NETWORK BUSINESS

CD-iの業務用ソフトと思われるものです。これについては、筆者が起動環境を持っておらず、詳細は不明です。このようなCD-iソフトは、他にもいくつか存在するようです。

6 ニッチな世界編

現在進行形で出続けている新しめのグッズ類や、機種別に分類しにくいもの、書店流通で販売されたソフト、掛け替えジャケット、細かいバージョン違いなど、通常はコレクションの対象にならないニッチジャンルなものを紹介します。世間的には「どうでもいい」と思われるようなシロモノを、自分だけの価値観で集めていく。そうしたニッチなコレクターの世界を見ていきましょう。

■最近のグッズ類
セガ関連

相場も何もない現在進行形のアイテムたち。将来、人気になるのか、誰も欲しがらずに歴史から消えていくのか？ 手探りで面白そうなものを集めていくのも収集の醍醐味だと思います。

［創造は生命ゆのみ］
●セガ

2016年〜2017年にかけて開催された「年末年始スペシャル 答えてGET♪セガクイズQ20第2弾」キャンペーンで、抽選で20名に「創造は生命」湯飲みがプレゼントされました。ただ、他でも配布された可能性があると感じています。

［セガ設立60周年記念かるた］
●セガ

公式Twitterのキャンペーンで30名にプレゼントされたほか、色々なところでプレゼントされたようです。コレクターとしての経験上、数百個程度は出回っているのではないかと感じています。セガネタ満載で、眺めて楽しい一品です。

カプコン関連

カプコンは人気コンテンツを多数抱えているだけあって、いろいろなものとコラボしており、非売品グッズもかなりの数があります。ここでは、その一部を紹介します。

［ロックマン11オリジナルしおり9種セット］

●カプコン

2018年にPS4／Switch『ロックマンX』『ロックマン11』が発売された際、「第1弾：ロックマンX購入者向けキャンペーン」「第2弾：ロックマン11購入者向けキャンペーン」「W購入キャンペーン」の3つが開催されました。

第1弾は、『ロックマンX アニバーサリーコレクション』同封のコードで応募するもので、開催期間は2018年7月26日〜8月31日。第2弾は『ロックマン11 運命の歯車!!』で、開催期間は2018年10月4日〜11月30日。これと同時にW購入キャンペーンも実施されました。

第1弾は「キャラクター色紙」(5名) など、第2弾は「出演声優サイン色紙」(12名)、「ロックマン11オリジナルしおり9種セット」(5名) など、W購入キャンペーンでは「amiibo ロックマン ゴールドVer.」(10名) などでした。いずれもかなり魅力的な品々です。

このうち「amiibo ロックマン ゴールドVer.」は、配布数が少ない上にロックマンでゴールドなので、人気アイテムになっていきそうですが、ゴールド系は贋作リスクもあります。

なお、海外で発売された3DS『Mega Man Legacy Collection - Collectors Edition』に金色のロックマンamiboが同梱されていますが、これは別物なので注意が必要です。Switch『ロックマン クラシックス コレクション』『同2』発売時には「ロックマンクラコレ1＋2キャンペーン」(2018年5月24日〜7月2日) が開催され、「金のロックマンamiibo」がプレゼントされましたが、こちらは前述の海外版に同梱されていたものでした。

［カプコンオリジナル 筐体風アクリルスタンド］

●カプコン

2021年、Switch『カプコンアーケードスタジアム』配信開始時のキャンペーンで20名にプレゼントされました。

［バイオハザード公式ファンクラブ CLUB96 スペシャルデザインモバイルバッテリー］

●カプコン

Switch『バイオハザード7 レジデント イービル クラウド』の配信記念キャンペーンで少数プレゼントされました。

［バイオハザード オリジナルコンパクトミラー］

　街バルジャパンとのコラボで「バイオハザード× 街バル IN 西梅田」（2016年10月17日〜10月31日） が開催され、Twitterでの抽選で20名にプレゼント されました。イベントの性質上、他でも配布された 可能性はあると思います。

モンスターハンター関連

カプコンの中でも、モンスターハンターはコ ラボが多く、さまざまなものが配布されてい ます。筆者が把握しているものを紹介します。

［モンスターハンター限定描き下ろし イラスト ダイスケリチャード］

　「レッドブルを飲んで限定モンハングッズを狩り に行こう！ローソン限定キャンペーン（2022年8月 2日〜8月22日）」のBlue Edition賞で、人気イラス トレーターの限定描き下ろしイラストが、全3種× 各5名ずつ計15名にプレゼントされました。イラ ストレーターは、大川ぶくぶ氏、ダイスケリチャー ド氏、TAPI岡氏です。

［サンテFX×モンスターハンター4 マルチスタンド］

　目薬のサンテFXと3DS『モンスターハンター4』 のコラボキャンペーン（2013年7月10日〜10月31 日）で50名にプレゼントされました。

［モンスターハンターストーリーズ2 ～破滅の翼～ ×モンスターハンターライズ ダブルネームアクリルパネルセット］

Switch『モンスターハンターストーリーズ2 ～破滅の翼～』予約開始キャンペーン（2021年4月23日～5月7日）で79名にプレゼントされました。

［モンスターハンターライズ：サンブレイク 特別カラーamiibo］

「メル・ゼナ」「アイルー」「ガルク」の3種類で、各々「プラチナ」と「メタリックレッド」があります。計6種類のうち、筆者は4種類だけ持っています。

市販品のamiiboと同じものにメッキしたと思われ、形状・機能等は同様です。『モンスターハンターライズ：サンブレイク』発売時の、以下のキャンペーンで、極少数プレゼントされました。他でもプ

レゼントされた可能性はありますが、配布数は多くないと思われます。

モンハンの特別カラーamiiboは他にも存在し、2021年7月のSwitch『モンスターハンターストーリーズ2』発売時には、ゴールドとシルバーのものが配布されました。こちらも、次ページの表に、筆者が把握している範囲で記載します。

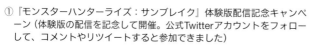

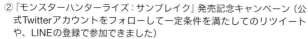

① 『モンスターハンターライズ：サンブレイク』体験版配信記念キャンペーン（体験版の配信を記念して開催。公式Twitterアカウントをフォローして、コメントやリツイートすると参加できました）

② 『モンスターハンターライズ：サンブレイク』発売記念キャンペーン（公式Twitterアカウントをフォローして一定条件を満たしてのリツイートや、LINEの登録で参加できました）

③ 「等身大メル・ゼナ襲来 3D映像」放映記念キャンペーン（2022年6月24日～7月7日、メル・ゼナの3D映像がクロス新宿ビジョンで放映された際、公式Twitterアカウントをフォローして、コメントやリツイートすると参加できました）

④ セブンイレブン Switch版ダウンロードカード購入者対象キャンペーン（セブンイレブンでSwitch版ダウンロードカードを購入すると応募できました）

⑤ 山田裕貴が生配信！みんなでモンハンLIVE！（発売記念で、俳優の山田裕貴さんがモンハン特派員としてYouTubeで生配信した際、Twitterのリツイートキャンペーンが実施されました。2022年6月の発売時と、2022年11月の無料タイトルアップデート第3弾配信時の2回あったようです）

●特別カラーamiibo（プラチナ・メタリックレッド）

キャンペーン名		キャンペーン期間	配布数	プラチナ			メタリックレッド		
				メル・ゼナ	オトモアイルー	オトモガルク	メル・ゼナ	オトモアイルー	オトモガルク
①モンスターハンターライズ：サンブレイク 体験版配信記念キャンペーン	コメント賞	2022年6月15日～6月29日	3体セットを10名（プラチナ）	10個	10個	10個			
	リツイート賞	2022年6月15日～6月29日	3体セット1つ（メタリックレッド）を10名				3～4個	3～4個	3～4個
②モンスターハンターライズ：サンブレイク 発売記念キャンペーン	リツイート賞	2022年6月28日～7月15日	オトモアイルー（メタリックレッド）を10名					10個	
	メル・ゼナ絵文字ツイート賞	2022年6月30日～7月15日	メル・ゼナとオトモガルクのメタリックレッドとプラチナ、計4種の中から1つを20名	5個		5個	5個		5個
	LINE賞	2022年6月30日～7月15日	アイルー（プラチナ）を5名		5個				
③等身大メル・ゼナ襲来 3D映像 放映記念キャンペーン	#メルゼナ3Dツイート賞	2022年6月24日～7月7日	メル・ゼナ（メタリックレッド）を5名				5個		
	リツイート賞	2022年6月24日～7月7日	メル・ゼナ（プラチナ）を5名	5個					
④セブンイレブン Switch版ダウンロードカード購入者対象キャンペーン		2022年5月30日～7月31日	3体セットを7名（メタリックレッド）				7個	7個	7個
⑤山田裕貴が生配信！みんなでモンハンLIVE！		2022年6月29日20：00～23：59	3体セットを5名、3体のうち1つを各5名（プラチナ）	10個	10個	10個			
		2022年11月24日19：00～23：59	3体のうち1つ（メタリックレッド）を各5名				5個	5個	5個
配布数合計（推定）				30	25	25	25～26	25～26	20～21

●特別カラーamiibo（ゴールド・シルバー）

キャンペーン名	キャンペーン期間	配布数	ゴールド					シルバー
			Ⓐ	Ⓑ	Ⓒ	Ⓓ	Ⓔ	Ⓕ
モンスターハンターライズ CAPCOMコラボ配信記念キャンペーン	2021年8月27日頃～9月9日	ツキノスペシャルエディション（ゴールド）＋モンスターハンターライズ「モバイルバッテリー」を2名	2個					
輝くゴールド！モンスターハンターマガイマガドと破滅レウスのamiibo（アミーボ）フィギュアが抽選で当たるキャンペーン	2021年6月15日～6月24日13時	マガイマガド スペシャルエディション（ゴールド）＆破滅レウス スペシャルエディション（ゴールド）セットを3名		3個	3個			
狩猟解禁記念キャンペーン其の一 Twitterで「オトモアイルー」を探そう！キャンペーン	2021年3月25日～4月7日13時まで	マガイマガドスペシャルエディション（ゴールド）を3名		3個				
狩猟解禁記念キャンペーン其の二 モンスターハンターライズ 狩猟解禁記念レコメンドキャンペーン	2021年3月26日～4月7日13時	オトモガルクスペシャルエディション（ゴールド）とオトモアイルースペシャルエディション（ゴールド）セットを3名／オトモガルクスペシャルエディション（ゴールド）を3名／オトモアイルースペシャルエディション（ゴールド）を3名				6個	6個	
モンスターハンターストーリーズ2～破滅の翼～ 体験版配信記念Twitterプレゼントキャンペーン	2021年6月25日頃～7月8日	ツキノスペシャルエディション（ゴールド）＋破滅レウスのタマゴクッションを3名	3個					
モンスターハンターストーリーズ2 オトモン「ガルク」配信記念！	2021年7月15日頃～7月23日	オトモガルクスペシャルエディション（ゴールド）と（シルバー）を各2名				2個		2個
配布数合計（推定）			5	6	3	8	6	2

※Ⓐツキノ スペシャルエディション
Ⓑマガイマガド スペシャルエディション
Ⓒ破滅レウス スペシャルエディション
Ⓓオトモガルク スペシャルエディション
Ⓔオトモアイルー スペシャルエディション
Ⓕオトモガルク スペシャルエディション

スプラトゥーン関連

スプラトゥーンのグッズとしては、「スプラトゥーン一番くじ」の「ダブルチャンスキャンペーン」で配布されたものがいくつかあります。これは、一番くじ購入者に抽選でプレゼントされたものです。また、他のコラボキャンペーンもありました。

[一番くじ スプラトゥーン]

2016年6月に一番くじ販売開始。ダブルチャンス賞は「シオカラーズになりきらなイカセット」（Tシャツと靴下のセット）で、ホタルver.とアオリver.があり、各50名にプレゼントされました。

また、2016年12月に再販され、この時のダブルチャンス賞は「イカぬいぐるみ ライムグリーン」でした。

[一番くじ スプラトゥーン2]

2017年7月に一番くじ販売開始。ダブルチャンス賞は「インクタンクバッグ ネオングリーン」（A賞の色違い）で、100名にプレゼントされました。

[一番くじ スプラトゥーン3]

2022年9月に一番くじ販売開始。ダブルチャンス賞は「ナワバリバトルサウンドクロック Now or Never!ver.」で、50名にプレゼントされました。B賞の「ナワバリバトルサウンドクロック」（Clickbaitが流れる）の色違い・曲違いです。左がダブルチャンス賞、右がB賞です。

［特製スプラトゥーン2 ロボット掃除機］

タワーレコード（TOWERmini、TOWERanime、オンライン含む）にて、Switch『スプラトゥーン2』とコラボした「2017SUMMER SALE」キャンペーンが開催されました（2017年6月23日〜7月30日）。

期間中に買い物をするとスクラッチカード（金額に応じて、「ふつうの」「まことの」「スーパー」の3種類）がもらえました。そのカードを削って「応募券」が出たら応募でき、抽選で色々な景品がプレゼントされました。その中で一番の目玉と思われるものがこのロボット掃除機です。5名にプレゼントする旨、キャンペーン告知に記載がありました。

［ポッキー×スプラトゥーン2 ポッキーフェス キャンペーン 限定デザインTシャツ］

2018年に開催されたグリコの「ポッキー」と『スプラトゥーン2』のコラボキャンペーンでプレゼントされたTシャツです。
・10/27〜11/11　Twitterで「ポッキーチョコレート」と「ポッキー極細」投票が多いほう
・10/27〜11/11　Amazonでフェス限定の「ポッキーチョコレート」と「ポッキー極細」の販売数が多いほう
・11/10〜11/11　ゲーム内でフェスマッチ

これら3戦で競い、勝利チームに投票した人から111名にプレゼントされました。筆者は残念ながら持っておりません。同時期にAmazonでTシャツとお菓子のセット商品が販売されましたが、絵柄が異なるようです。

その他のグッズ類
［ポケモンウルトラギフトボックス］

●任天堂

ポケモン公式Twitterから『ポケモン ウルトラサン・ウルトラムーン』の発売記念として告知されたキャンペーンで、10名にプレゼントされました。

外側の大きなピカチュウの箱以外は、市販品の詰め合わせなのですが、配布数の少なさ、外側の邪魔さなどから、早々にゲーム史から消えてしまいそうなアイテムだと思い、掲載することにしました。

［ビオトープ カンパニー ロゴステッカー］

「劇場版ポケットモンスターココ」（2020年12月25日公開）に藤原ヒロシ主宰「fragment design」が参加し、劇中に登場する研究施設のロゴをデザインされました。そして映画公開記念として、WEBサイト「Ring Of Colour」にて、抽選で150名にプレゼントされました。かなり小さいステッカーです。

［パルテナARカード 立佞武多］

3DS『新・光神話 パルテナの鏡』で使えるARカードの特別版です。青森三大ねぷた祭りの1つである「五所川原市立佞武多」に、「パルテナ立佞武多」を出したことがありました。その際、東京（パナソニックセンター東京、ニンテンドーゲームフロント）と青森（青森県五所川原市 立佞武多の館）でのみ配布されたようです。配布期間は2012年7月31日～8月31日でした。

［ナツメゲームサウンドヒストリー］

●ナツメアタリ

ナツメアタリが2015年に開催した「250タイトルへの道」キャンペーンは、同社のタイトルに投票し、上位のタイトルがスマートフォン用アプリとして開発されるというものでした。

このとき、投票者の中から抽選で、25名に特製Tシャツ、200名にサントラCD「ナツメゲームサウンドヒストリー」がプレゼントされました。また、ダブルチャンスで特製オリジナルメラミンカップが25名にプレゼントされました。筆者は、サントラCDのみ当選しました。

ちなみにこの時、1位は『アイドル八犬伝』でしたが、2022年末現在、まだスマホ版は出ておりません。でも筆者はまだ期待しております。

［メダロット9 オリジナル収納ボックス］

●ロケットカンパニー

3DSのメダロットを購入してハガキを送ると、抽選で100名にプレゼントされました。『メダロット9』の「カブトver」と「クワガタver」、特典のサントラを収納できるボックスのようです。

［GGアレスタ3 化粧箱］

●エムツー

箱のみです。当時そのままの作りで、GGで『アレスタ3』が発売されていたらこんな感じだろうなと思わせてくれます。公式グッズの購入特典等で配布されました。レトロゲームファンの気持ちを心得た、素晴らしい特典だと思います。

番外編

[POKEMON CARD GAME 10th ANNIVERSARY iPod]

配布経緯について裏が取れていないのですが、関係者に配られたものではないかと推測しています。

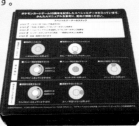

[JOYSOUND FESTA]

業務用カラオケ機器「JOYSOUND」シリーズの1つなのですが、操作端末部分にWii U本体が使用されています。この本体で、市販のWii Uソフトをプレイすることも可能です。専用のリモコンもあります。JOYSOUNDのシールが貼られているだけですが。

[マジカルWii]

非売品でもなんでもないのですが、見た目があまりにも魅力的だったので掲載します。PS2のコントローラをGC・Wiiで使用するためのアダプタです。特筆すべきはそのパッケージ絵です。昭和世代の心に突き刺さる魔女っ娘が描かれています。

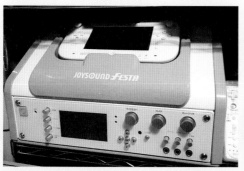

協力：スベマRP

書籍型ゲームソフト

「書籍型ゲームソフト」とは、書店でのみ販売されていたゲームソフトのことで、書籍や雑誌、ムックに体験版等が付属したものが多いです（と、筆者が勝手に定義して命名しました）。

なお、PSの頃は、体験版が付属した雑誌が多数出ました。このため、恒常的に体験版等のソフトが付属する雑誌は対象外としています。

PCE・PCFX

PCEでCD-ROMのソフトが登場し、本にCD-ROMを付けるという販売形態も出てきました。書店販売としては、激レア高額なことで有名な『秋山仁の数学ミステリー』や、サーカスライド事件（※）で有名な『サーカスライド』が有名ですが、他にも色々あります。

「電撃CD-ROM and BOOK①
エメラルド ドラゴン」

「電撃CD-ROM and BOOK②
爆れつハンター」

「電撃CD-ROM and BOOK③
聖夜物語」

「風雲カブキ伝 出撃の書」

「風の伝説ザナドゥ 体験CD-
ROM付 ゲームガイド」

「ロードス島戦記 復活」

「ロードス島戦記II 体験」

「PC ENGINE CD-ROM CAP
SULE」

「PCエンジン CD-ROMカプセ
ル2」

「PCエンジン CD-ROMカプセ
ル4」

「PCエンジン CD-ROMカプセ
ル 1994 SUMMER」

「でべろスターターキット・ア
センブラ編」

「でべろスターターキット・
BASIC編」

でべろBOX。「でべろ」シリー
ズで使用する機器。

PC Engine FAN
1996年8月号

PC Engine FAN
1996年9月号

PC Engine FAN
1996年10月号

SUPER PC Engine FAN
DELUXE Vol.1

SUPER PC Engine FAN
DELUXE Vol.2

「ん〜にゅ〜」
PC-FXGA用ソフト。

『秋山仁の数学ミステリー』
(協力：PCエンジン研究会)

『サーカスライド』
(協力：PCエンジン研究会)

※PCE『サーカスライド』は、昔はレアで高額なプレミアソフト
で、市場価格も10万円を超えていましたが、2001年初め頃、
Amazonで新品が大量に販売されました。これまで幻級にレア
とされていたソフトが、ある日突然大量発掘され、コレクター
達に激震が走りました。需給のバランスが崩れ、市場価格も
大幅に下落。コレクターの中では「サーカスライド事件」とし
て語り継がれております。ゲームソフトのプレミア価格が砂上
の楼閣であることを示唆する事件だったと思います。

▶▶MCDの書籍型ゲームソフト

『ロードス島戦記 体験CDロム付 公式ガイドムッ
ク』。MCDにも、少しあります。

PS

書籍型ソフトは、PSにおいて最盛期を迎えました。
とにかくたくさんあります。

「カプコン ゲームブックス」「カプコン レトロゲーム
コレクション」。人気タイトルが多く、レトロゲーム
ショップでも取り扱われています。

「ファミ通 名作ゲーム文庫」。攻略本にPS用ソフトが付属しています。ファミ通の
攻略本だけあって分厚いです。

「ブレス オブ ファイアIII スペシャルMOOK」。非売品
の冊子に体験版が付属しているという珍しい形態で
す。

「プレイで覚える」。教育用
ソフトのシリーズで、英語、
漢字、歴史など全部で7タ
イトルあります。全て通常
のPSソフトとしても発売さ
れていますが、書籍型とは
型番が異なります。

「GRV2000」。デザイン・スタジオ「グルーヴィジョンズ」の本で、PS用ソフトが付属しています。

Vジャンプ2002年8月号。PS『創刊9周年記念スペシャルディスク』が付属しています。これについてはディスク単体で配布されたと思われるものも存在します。こちらは激レアですが、違いは紙ケースのみで、中のソフトは同じでした。

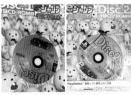

eジャンプ2000年1月18日増刊。PS用ソフト2枚組が付属しています。eジャンプは、これ1冊しか出ませんでした。

「プレイステーション対応CD-ROM版 超絶大技林 '99年夏版」、「プレイステーション対応CD-ROM版 超絶大技林 2000年冬版」。ゲームソフトおよび裏技のカタログとして名高い大技林シリーズの、PS版です。またその後に出た「広技苑 2000年夏版」にもPS用ソフトが付属します。

「フィロソマ オフィシャルアートブック」、「フィロソマ パーフェクトガイドブック ザ・ワールド・オブ・フィロソマ」。それぞれ別物です。1タイトルで2冊の書籍型ソフトがある作品は、なかなかありません。

「パラサイト・イヴ最速版公式ガイド」(ゲームウォーカー1998年4月号増刊)。『パラサイト・イヴ』というメジャータイトルのガイドですが、探すとなかなか見つかりません。『パラサイト・イヴ』関連のPS用CD-ROMが付いたムックとしては「スクウェアマニアックス'98」もあり、こちらは比較的よく見かけます。

「クラシックロード パーフェクトブリーディングブック」。筆者の経験上、おそらくもっとも入手困難なPSの書籍型ソフトです。何故か全く見かけません。

「i miss you」。SHAZNAが印象的な表紙です。かつてコンパイルが出していた「Disc Station」の別冊という扱いで、PS版とSS版があります。

「超兄貴 究極無敵銀河最強男 初体験マニュアル」。PS『超兄貴究極無敵銀河最強男』の体験版が付属しています。「初体験マニュアル」という、絶対狙ってきているだろうと思われる商品名です。

●PSの書籍型ゲームソフト一覧

電撃プレイステーション、ハイパープレイステーション、ファミ通Waveは、PSソフトが付いてて当たり前なので、リストから除外しています。

アークザラッド2 キャラクターズ＆ワールド	テイルズ オブ エターニア インビテーションブック
あいたくて…～your smiles in my heart～おろしたてのダイアリー	天誅 忍凱旋 虎の巻任務作成ガイド
i miss you（PS版）	パラサイト・イヴ最速版公式ガイド
アルナムの翼体験版付ファンBOOK	ファイナルファンタジー大全集 下巻
eジャンプ	ファミ通名作ゲーム文庫 真女神転生
オフィシャルファンブック サーカディア	ファミ通名作ゲーム文庫 ティアリングサーガ
オフィシャルやるドラファンブック 季節を抱きしめて	ファミ通名作ゲーム文庫 ディノクライシス
オフィシャルやるドラファンブック サンパギータ	Vジャンプ2002年8月号
オフィシャルやるドラファンブック ダブルキャスト	フィロソマ オフィシャルアートブック
オフィシャルやるドラファンブック 雪割りの花	フィロソマ パーフェクトガイドブック ザ・ワールド・オブ・フィロソマ
カプコン ゲームブックス スーパーパンコレクション	プレイで覚える1 英単語でるでる1700
カプコン ゲームブックス ストライダー飛竜	プレイで覚える2 中学英単語でるでる1200
カプコン ゲームブックス 天地を喰らう	プレイで覚える3 世界史キーワードでるでる1800
カプコン ゲームブックス ロックマン	プレイで覚える4 日本史キーワードでるでる1800
カプコン ゲームブックス ロックマン2	プレイで覚える5 英熟語でるでる750
カプコン レトロゲームコレクション1～5	プレイで覚える6 漢字検定でるでる1100
カルドセプト セプターズギルド Vol.1～2	プレイで覚える7 TOEICテスト語句でるでる1700
広技苑 2000年夏版	ブレスオブファイア3 体験版CD-ROM付スペシャルムック（非売品）
公式カルネージハート戦略ファイル2 最強兵器バトル編	別冊ひびきのウォッチャー Vol.1～3
クラシックロード パーフェクトブリーディングブック	ポポローグの大図鑑
GRV2000	メモリーカードデータブック Vol.1～4
XI スーパープレイコレクション	超絶大技林 2000年冬版
スーパーロボット大戦コンプリートボックス バーチャルスタジアム完全攻略ガイド	超絶大技林 '99年夏版
スクウェア メモリーカード データコレクション	闘神伝 パーフェクトファイティングブック
スクウェアマニアックス'98	闘神伝2 パーフェクトファイティングブック
ソニーコンピュータエンタテインメント ハイパーファンブック	虹色の青春 プライベートアルバム
ダビスタマガジン（vol.1～12、総集編、2000vol.1-2）	電撃PS臨時増刊 KONAMI Fan Book
超兄貴 初体験マニュアル	

PS2

PS1ほどではありませんが、PS2にもかなりの数の
書籍型ゲームソフトがあります。

「まるごとMETAL GEAR
ONLINE」。ファミ通増刊
で、「メタルギア」という
ビッグタイトルということ
で、簡単に入手できそう
に見えますが、何故かこ
れが非常に入手困難です。

「ビジュアルワークス・オ
ブ・アヌビス」（初版）。初
版のみ、PS2ソフトが付属
していました。こちらもけ
っこう入手困難です。

「パチスロ北斗の拳SE」（製品カタログ）。か
なりごつい見た目のカタログです。冊子と、
体験版が入っています。

コミックボンボン2004年7月号。PS2『バ
ーチャファイター サイバージェネレーショ
ン』の体験版が付属しています。漫画雑誌
にゲームソフトが付属する例は極めて少な
く、表紙では「少年誌初！」と謳っています。

「頭文字D総集編 プロジェクトD 栃木エリア
編」（PS2用体験版付）。コンビニ売りのコミ
ックスです。こうしたものは読み捨て感が強
いためか、今となってはなかなか見つかりま
せん。

「オトスタツ わくわくたい
けんBOOK」

「セーブデー
タ＆ウラワザ
大全2006～
2008」

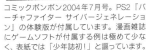

「10th Anniversary PlayS
tation & PlayStation2 全
ソフトカタログ スペシャル
セーブデータコレクショ
ン」

「バーチャファイター 10th
ANNIVERSARY Memory
of Decade」

「ポンコツ浪漫大活劇バン
ピートロット 公式ガイド
ブック」

ファミ通PS2
2005年10月28日号

ファミ通
カプコンvol.2

「ファミ通Playable グローランサーⅤ」「ファ
ミ通Playable ソウルキャリバーⅢ」。ファミ
通PS2の増刊です。ファミ通関連では、ファ
ミ通2002年6月28日号にもPS2ソフトが付
属していました。

電撃G's magazine
2004年12月号
（双恋体験版付）

電撃PS2増刊
KONAMI Fan Book

SS

SSは、一時期はPSと覇権争いをしていたほどの存在でしたが、書籍型ゲームソフトは意外と少ないです。

「サターンCGセレクション」。SSタイトルのCG集です。SS用のCD-ROMに、CGや動画が収録されています。

「PROLOGUE of Lost One」。『EVE The Lost One』のキャラクター集のような内容です。付属の体験版は、大量に配られたものと全く同一でした。

「慶応遊撃隊 活劇編 攻略&設定資料集」(お気楽玉手箱付)。慶応遊撃隊シリーズはコレクター受けがいいのか、そこそこ入手困難です。

「サクラ大戦 帝劇シークレットファイル」、「ラングリッサー聖剣シークレットファイル」。この2冊はフォトCDが付属します。SS用ソフトではないのですが、表紙には「for SEGA SATURN」とあります。SS本体で見るには、『セガサターン フォトCDオペレーター』もしくは『ツインオペレーター』が必要でした。

「でべろマガジンVol.2」　「体験版サターンソフト大全」

「ときメモドラマシリーズ1 虹色の青春プライベートアルバム」　「i miss you」(SS版)

▶▶ ネオジオの 書籍型ゲームソフト

「ザ・キング・オブ・ファイターズ'96 ネオジオコレクション」には、NEOGEO CDソフトが付属しています。

DC

DCの頃には書籍型ソフトの最盛期は過ぎていましたが、そこそこ出ています。

Cawaii!2000年8月号。前巻でも掲載しましたが、ギャル向け雑誌に、DCソフト『EXTRA Cawaii!』が付属していました。

「鈴木裕ゲームワークス VOL.1」

「シーマン育成支援キット えさディスク付き」

「ソウルキャリバー スターティングガイド」

「いまこそ!!ドリームキャスト with SPECIAL GD!!」

「ドリームキャストVMデータ集」

ファミ通2000年10月20日増刊号には『エターナルアルカディア@barai版』が付属しました。

CD・DVDの付属品

CDやDVDにゲームソフトが付いてくることもありました。前巻でも一部掲載しましたが、改めて紹介していきます。

PS

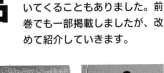

「エースコンバット3 エレクトロスフィア ダイレクトオーディオ with AppenDisc」「beatmania 3rd MIX complete」「リモートコントロールダンディ ダイレクトオーディオ with GAME DISC」は、サントラCDにPSソフトが付いています。

「ストレイシープ トリプルプレジャー」は、ストレイシープの音楽CDとDVD、そしてPS『ストレイシープ ポーとメリーの大冒険』のボックスセットです。このPSソフトのパッケージが、市販版と異なります。

「アンファンテリブル 恐るべき子供たち」は普通の音楽CDですが、PSソフトが付いています。

「ドラゴンドライブ」のDVD第1巻には、同作品のPS版の体験版が付属しています。

PS2

「鉄甲機ミカヅキ オリジナル・サウンドトラック」には、PS2『鉄甲機ミカヅキ トライアルエディション』が付属しています。PS2『鉄甲機ミカヅキ』は発売されていないので、特典用に制作したものと思われます。

プロレスのDVDです。「WWE アンフォーギヴェン2003」には『エキサイティングプロレス5体験版 青バージョン』が、「WWE ノーマーシー2003」には『同 赤バージョン』が付属していました。

DVD「ビューティフル ジョー Vol.1」には、初回限定でPS2『ビューティフル ジョー2 ブラックフィルムの謎』の特別体験版が付属していました。

PS3

「輪廻のラグランジェ -鴨川デイズ- GAME＆OVA Hybrid Disc.」の初回生産版は、Blu-rayとして視聴することも、PS3用ソフトとして遊ぶことも、どちらもできる仕様でした。

PS4

「十三機兵防衛圏 Music and Art Clips」には、PS4『十三機兵防衛圏 プロローグ編』が付属していました。

SS

「アゼル パンツァードラグーン」、「セガ・ツーリングカー・チャンピオンシップ」。音楽CDに、SS用体験版が付属しています。

DC

「Jリーグプロサッカークラブをつくろう!サントラ」には、DC『サカつく 専用特製お楽しみダウンロードディスク』が付属しています。

こちらの8枚は、「MIL-CD」という規格のソフトで、対応するDC本体で起動すると、映像等が見られます。音楽CDとして発売されたものが「ディープス HEARTBREAK DIARY」「北へ。PURE SONGS and PICTURES」「スナッパーズ 09 chairs」「チェキッ娘の見るCD」「Dの食卓2 オリジナルサウンドトラック」「HANG THE DJ」「秘密オリジナル・サウンドトラック」の7枚で、加えて非売品の「スペースチャンネル5」のビデオクリップです。

細かすぎるバージョン違い

箱や説明書、型番のわずかな違いなど、ゲームソフトのバージョン違いは多種多様で、ものによって市場価値が付いたり付かなかったりします。そこに明確な基準は無く、多数のコレクターに「なんとなくバージョン違いで珍しいも

の」と判断されたものは人気が出てコレクターズアイテムとなり、そうした共感を得られなかったものは、そのまま埋もれてしまいます。ここでは、そうした埋もれたソフトを中心に紹介します。

通常版のほうがレア

初回版と通常版では、本来ならば初回版の方が付加価値が高いものです。しかし中には、通常版の方が流通量が少なく、逆にレア化してしまうことがあります。

PS最後のタイトルである『BLACK/MATRIX OO』は、初回版とは別に通常版が存在し、後者のほうがレアです。初回版には「キャラクター設定集」が付き、通常版には付きません。帯の記述も違います。型番は、初回版がSLPS 03571〜2、通常版がSLPS 03573〜4で、付属のアンケートハガキの型番まで違っています。

特にコレクター泣かせなのがSS『マイベストフレンズ』です。初回版（左）と通常版（右）で型番が同じで、帯の文言が異なります。また、初回版にはカードが付属しています。

SS『魔法騎士レイアース』は、紙ジャケットに入っているという印象が強いと思います。しかしこれは初回版で、別に通常版も存在します。普通の帯とケースになっており「紙ジャケットを紛失した初回版」と誤解されやすい仕様ですが、けっこうレアです。同様に、SS『アルバートオデッセイ』も、通常版はほとんど見かけません。

PS『クーロンズゲート』の初回版（左）と通常版（右）。初回版とベスト版の2種類をよく見かけますが、実は通常版も存在します。これも、初回版の付属物を紛失したものと勘違いされそうな一品です。

微妙な修正によるレア

修正による型番違い、パッケージの表記違いなどにより、レアなバージョン違いが生まれることもあります。

筆者の経験上、激レアなのが、PS『シミュレーションズー』の型番SLPS 00889のものです（通常はSLPS 00458）。帯無しならまだ見かけますが、帯ありは絶望的に見かけません。筆者は、これの帯を入手するのに約10年かかりました。

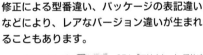

GBA『マリオカート アドバンス』は、「モバイルシステムGB」サービスを活用して全国のプレイヤーと競えました。そして、同サービス終了後に発売されたものは、箱にモバイルGBのマークがありません。あまり見かけない一品です。

■対戦型格闘アクションゲーム
■2P対戦プレー可能
■全12キャラクター両キャラ対戦可
■2ラインバトルシステムや挑発、超必殺技を完全再現

表記ミスを直しているバージョン違いもあります。SFC『餓狼伝説2』の誤字の修正（起必殺技→超必殺技）や、PS2『ルールオブローズ』の裏面の使用メモリサイズ違いは、コレクター達の間では比較的有名かと思います。

廉価版・再版版がレア

「BEST版」や「サタコレ」などの廉価版は、過去作を安く販売したものです。しかしこうした廉価版が、激レアになってしまうとこもあります。

SS『Jリーグ プロサッカーチームを作ろう！2』のサタコレ版が激レアであることは、コレクターの間で長く語り継がれています。

PS2『ドッグオブベイ』は、廉価版でパッケージ絵が変更されています。廉価版（右）の方が映える見た目かもしれません。これも比較的レアです。

DSのコナミの廉価版「ベストセレクション」シリーズですが、その中でも『クッキンアイドルアイ！マイ！まいん！ゲームでひらめけ！キラメキ！クッキング』は、かなりレアです。通常版のソフトに紙ジャケットを付けただけなので、レアなのは紙ジャケットだけですが。

SFC『スーパーフォーメーションサッカー96』のEXTRA PACKAGE版は、箱のデザイン以外は通常のものと同じです。バーコードも同じで販売店でもスルーされていることが多く、見落としがちな一品です。

再版版というわけではありませんが、GB『無頼戦士』はゲームボーイ版とゲームボーイカラー版が存在し、後者が激レアで、ほとんど見かけません。

微妙すぎる限定版

レアではあるものの、いろいろな面でコレクターズアイテムにはなりにくそうな限定版です。

DS『しゃべる！DSお料理ナビ まるごと帝国ホテル』には「特製ポーチセット」という限定版があり、ポーチの色によりブラックメッシュとシルバーメッシュの2種類があります。通常版との違いは、ポーチの有無と、外箱の透明ケースのみです。

DS『デューク更家の健康ウォーキングナビ』には、Tシャツやポシェット等のグッズをセットにした「スペシャルデュークセット」という限定版があります。グッズの色に応じてピンクセットとゴールドセットの2種類があり、各々100セット、計200セットが販売されました。極めてレアなのですが、グッズとソフトをビニールに詰めただけなので、あまり特別感がありません。

3DS『みんなでオートレース3D』の「初回限定スペシャルパック」は、オートレース場と通販でのみ販売されたもので、シリアルナンバー入りの勝負パンツとステッカーが付属していました。

コーエーの限定版

コレクターの世界では、秘かにコーエーが鬼門になりがちです。期間限定版、再販版、セットなどが多く、そういったものも全種類集めようとすると非常に大変なのです。しかもモノによっては販売数が少なく、下手な非売品ソフトよりもはるかに激レアになっています。

コーエーには、「Withサウンドウェア」という限定版があります。家庭用ゲーム機では、FC、SFC、MDに存在しており、『信長の野望』等のタイトルに、サントラCDが付いた限定版です。これがけっこうレアで、特に一部のタイトルは、本当に実在するのか疑いたくなるぐらいのレベルで珍しいものになっています。

SFC版の『EMIT』には、全三作をまとめた『EMITバリューセット』というものがあり、これもかなりレアです。

コーエーサマーキャンペーン2004において、PS2用ソフト2本と攻略本をセットにしたものが、5000セット限定で発売されました。『戦国攻略BOX』、『真・三国無双BOX』、『ファンタジーバトル攻略BOX』、『ウイニングポスト攻略BOX』の4種類があり、このBOXがゴツくてデカいです。筆者は置き場所が無くて収集を断念してしまい、1つしか所持しておりません。

期間限定で販売されたものもあります。「コーエー2002スプリングパック」、「コーエーサマーチャンス2002」。

同じく期間限定のDS「秋のコーエーDS感謝祭」は4本出ており、全部集めるのはなかなか大変です。

書籍とセットになった「プレミアムパック キャンペーン限定版 豪華攻略本付」。PSとSSで出ており、過去作に攻略本を付けた大型パッケージの限定版です。筆者手持ちのものを掲載しました。探すと意外と見つらず、入手難易度はそこそこ高いです。加えて、置き場所に困るのも、コレクター的にハードル高いです。

3DSの『三国志2』と『信長の野望2』のツインパック版は、秘かに見つかりにくいソフトです。そしてさらに、「プレミアムツインパック」というものもありました。こちらは『三国志2』と『信長の野望2』のプレミアムBOX版をセットにしたもので、すごそうな名前ですが、特別感は薄い内容です。プレミアムBOX版2本と、オマケとして「三国志30thアニバーサリーペーパーウェイト」(要するに文鎮)がダンボール箱に入っているだけなのです。ダンボール箱には「三国志2 & 信長2プレミアムツイン」と書かれたシールが貼ってあるので、このダンボールも付属品だと思えば立派な限定品と言えなくもないかもしれません。

▶▶その他の2本パック

3DSでは、コーエーのツインパック以外でも発売済みタイトルを2本セットにしたものが出ていました。その中で、おそらくかなり入手困難なのが3DS『桃太郎電鉄2017 たちあがれ日本!!』の「ダブルパック」です。ユーザー同士が対戦できるようにと、同じソフトを2本セットにしたもので、ヨドバシカメラ専売でした。

┃ジャケットの世界

PS2、DS、PSP等のソフトは、ケースに透明カバーがついており、そこに表紙が入っています。この表紙はジャケットなどとも呼ばれ、差し替えることが可能です。このため、非売品で着せ替え用のジャケットが配布されることもあります。ただの紙ではありますが、むしろ「市場が成立しない、ただの紙」みたいな微妙さ加減が、コレクターの魂をふるい起こさせるのです。たぶん。

DS・3DS・Switch

DS『ネギま!?超麻帆良大戦 かっとイ〜ン☆ 契約執行でちゃいますぅ』画伯謹製アーティファクト・ジャケット。DS『ネギま!?超麻帆良大戦チュウ チェックイ〜ン 全員集合!やっぱり温泉来ちゃいましたぁ』の購入者向けの抽選で、100名にプレゼントされたものです。

3DS『閃乱カグラ2』はさんで欲しい少女決定戦第2弾 敗者復活戦「オリジナル限定差替えジャケット」。3DS『閃乱カグラ2 真紅』発売時、ネットカフェ全国約100店舗で好きなキャラに投票するキャンペーンが開催されました。その賞品の1つがこちらです。81名にプレゼントされました。

DS『オール仮面ライダー ライダージェネレーション』特典ジャケット。ソフト購入者人向けの特典として配布されることもあります。ものによっては、一部の店舗限定だったり、人気があったりして、入手困難になることがあります。(協力:GeeBee)

3DS『メタルマックス4』数量限定特典 差し替えジャケット。

3DS「ワールドサッカーウイニングイレブン2014 蒼き侍の挑戦」限定パッケージ。(協力:GeeBee)

3DS『ミラクルちゅーんず』特典ジャケット。3DS『ミラクルちゅーんず』は、発売時に、販売店舗ごとに異なるメンバーの着せ替えジャケットを特典として配布していました。Amazonでは「カノン」、ゲオでは「フウカ」、GameTSUTAYAでは「マイ」、ヤマダ電機では「アカリ」、上新電機では「ヒカリ」、全5種類です(筆者は「カノン」を持っておりません)。

2016年、3DS『ロックマン クラシックス コレクション』発売時、「ロックマン イラストコンテスト」が開催されました。その告知によると、ニコニコ動画でイラストやマンガ等のファンアートを募集し、入賞者7名に、自身の作品を使用した『ロックマン クラシックス コレクション』用の差し替えジャケットがプレゼントされるとのことでした。実物を見たことがなく、本当に配布されたかどうかの裏付けは取れていませんが、入賞された方にとっては一生モノのお宝だと思います。

Switch「ラ伊豆大島コラボステッカー＆ストーリ伊豆大島コラボ着せ替えジャケット＆コラボクリアファイルセット」。『モンスターハンターライズ』『モンスターハンターストーリーズ2 破滅の翼』と伊豆大島がコラボした「モンスターハンター ラ伊豆大島＆モンスターハンターストーリ伊豆大島 オンラインスタンプラリーキャンペーン！」（2021年7月9日〜8月31日）で、500名にプレゼントされました。「モンスターハンター ラ伊豆」という、強引にもほどがある名前がすごいです。

PSシリーズ

PS3『ジョジョの奇妙な冒険 オールスターバトル』カスタムアナザージャケット。2013年8月、同作の発売前夜祭が開催されました。参加者は抽選に当選した600名だったようです。このジャケットのセットは、この参加者に配布されたものと思われます。各キャラごとに、34枚もの差し替えジャケットが入っています。希少なうえに、ボリュームがあり豪華な一品です。

PS Vita「ミラクルガールズ着せかえジャケット11枚セット」。セガがツイッターキャンペーンを実施し、出演声優陣のサイン色紙と「着せかえジャケット」を抽選でプレゼントしました。キャンペーン期間は2015年12月24日〜2016年1月14日。「着せ替えジャケット11枚セット」は、B賞として30名にプレゼントされました。

（協力：GeeBee）

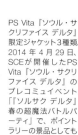

PS Vita『ソウル・サクリファイス デルタ』限定ジャケット3種類。2014年4月29日、SCEが開催したPS Vita『ソウル・サクリファイス デルタ』のプレコミュイベント『『ソルサク デルタ』春の超魔法バトルパーティ』で、ポイントラリーの景品としてもらえたもののようです。

2010年1月16日にヨドバシカメラAkibaで開催された、PSP『剣闘士 グラディエータービギンズ』の店頭イベントでは、同ソフトを会場へ持っていくと「女剣闘士実写Ver.」のジャケットがもらえたようです。ものすごくB級な雰囲気が漂うジャケットで、ニッチなコレクターならたまらない一品です。

PS Vita『フローラル・フローラブ』限定版修正版パッケージ。2018年にエンターグラムが出したリリースに、「『フローラル・フローラブ完全生産限定盤』パッケージの表面にタイトル名が記載されておりませんでした」「ご希望のお客様には修正済みパッケージを無償でお送りいたします」という記載がありました。その修正版パッケージがこちらです。なかなか珍しい事例だと思います。ちなみに、メールだけで申し込める仕組みでした。

PS2『いちご100% ストロベリーダイアリー』Vジャンプ付録ジャケット。Vジャンプでは、様々なゲームソフトの差し替えジャケットが付録になりました。この『いちご100%』もそういった付録の1つです。しかし、これとは別に、Vジャンプの抽選で本ゲームソフトをプレゼントしたことがあったようで、それと情報が混ざり、「Vジャンプ特別版」と称して、ヤフオク等で高額で出品される事例がありました。

電撃Girl'sStyle月刊化キャンペーン等で、アニメイトで購入特典としてジャケットが配られることがあったようです。筆者が持っているのは、PSP『アルカナ・ファミリア』『神々の悪戯』『十鬼の絆』の3つですが、他にも存在するかもしれません。

抽選会の景品

　いわゆる乙女ゲームでは、アニメイト等の店頭で発売記念抽選会が開催され、景品として非売品のジャケットが配布されることがありました。基本的には、限定版の箱の絵を通常版のサイズにしたものが多いようです。筆者の知る限りでは、以下のタイトルが抽選会の景品として挙がっていました。

●PS Vita

Side Kicks!
7'scarlet
CharadeManiacs
Collar×Malice
PsychicEmotion6
VARIABLE BARRICADE
イケメン戦国 時をかける恋 新たなる出逢い
ノルン＋ノネット アクト チューン
フォルティッシモ
花朧 戦国伝乱奇
真紅の焔 真田忍法帳
数乱digit
蝶々事件ラブソディック
天涯ニ舞ウ、粋ナ花
白と黒のアリス
白と黒のアリス Twilight line
猛獣たちとお姫様 in blossom
悠久のティアブレイド Fragments of Memory
悠久のティアブレイド Lost Chronicle

●Switch

B-PROJECT 流星＊ファンタジア
Cendrillon palikA
DAIROKU：AYAKASHIMORI
DIABOLIK LOVERS GRAND EDITION
VARIABLE BARRICADE NS
オランピアソワレ
キューピット・パラサイト
ピオフィオーレの晩鐘 ricordo
ビルシャナ戦姫 〜源平飛花夢想〜
華ヤカ哉、我ガ一族 モダンノスタルジィ
華ヤカ哉、我ガ一族 幻燈ノスタルジィ
幻奏喫茶アンシャンテ
薄桜鬼 真改 銀星ノ抄
薄桜鬼 真改 月影ノ抄
明治活劇 ハイカラ流星組 成敗しませう、世直し稼業
猛獣使いと王子様 〜Flower & Snow〜

未発売ソフトの店頭用ダミージャケットなど

　昔、ゲームショップの店頭には、ソフトを模したダミージャケットが並んでいました。この店頭用ダミージャケットは発売前に作られるため、稀に発売中止になったゲームソフト、いわゆる「未発売ソフト」のものが見つかることがあります。そうしたものと、チラシなど販促物を紹介していきます。

SS

SS『スコーチャー』（協力：大塚祐一）

　SSコレクターの間では伝説となっている未発売ソフトです。海外では発売され、日本では未発売となりましたが、昔から「見たことがあるような気がする」という都市伝説が残り続け、熱心なコレクターが探し続けています。99%見つかることはないと思われますが、目撃したという噂もあり、これからもコレクター皆で、見果てぬ夢を追い続けるのがいいのではないかと思います。筆者も探し続けております。

SS『オベリスク』（協力：大塚祐一）

SS『リターンファイアー』

SS『バトルスポーツ』（協力：大塚祐一）

協力：大塚祐一

SS『モニカの城』店頭プロモーションビデオ（協力：天道ブイ）。販促用のビデオテープも存在しており、画面を確認することができます。

SS『モニカの城』のチラシ。この作品も、SSでは有名な未発売ソフトです。そのチラシは比較的よく見かけます。また、初期には『ファラドゥーン』というタイトルだったようで、そのチラシも存在します。

DC

DC『プロペラアリーナ』(協力：大塚祐一)

DC『リングエイジ』(協力：大塚祐一)

DC『メトロポリス ストリート レース』(協力：大塚祐一)

DC『Lien 〜終わらない君の唄〜』のチラシとダミージャケット
(協力：大塚祐一)

DC『センチメンタル グラフティ 〜
再会』のチラシ (協力：大塚祐一)

DC『ディーディープラネット』のチラシとダミージャケット
(協力：大塚祐一)

PS

PS『バブジー』(協力:天道ブイ)

PS『時をかける少女』

PS『時をかける少女』のプロモーションビデオ
(協力:天道ブイ)
ゲーム内容を少しだけうかがい知ることができ
ます。動く映像で見られるというのは、インパ
クト絶大です。メディアがビデオテープなので、
そのデータ保存は急務と言えるでしょう。

PS『ホタル』のチラシ(協力:天道ブイ)

その他

PS3『絶体絶命都市4』のダミージャケットと、
店頭用プロモーション映像のDVD
(協力:天道ブイ)

PS Vita『レールウォーズ』のチラシ
(協力:あかみどり)

Wii『大聖王』(協力:大塚祐一)

掲　載　ソ　フ　ト　一　覧

　前巻「非売品ゲームソフト ガイドブック」と本書「非売品ゲームソフト ガイドブックGOLD」に掲載したソフトの一覧です。筆者のコレクション品を中心に、筆者の好みで掲載対象を選定しているので、網羅性はありません。とはいえ、筆者自身が好きで長年集めてきましたので、主な非売品ソフト・特殊販売ソフトは、概ね入っていると思います。他のゲームカタログ本ではまず掲載されないであろうソフトが大半なので、ゲームソフト収集・探索の際の手元リストとしてもお役に立てると思います。

●タイトル

　タイトルについては、コレクター的に認知する上で問題なさそうな範囲で名称を縮めて記載しているもの等があります。正式名称と異なるものもありますが、ご理解ください。また、主要なタイトルのみ掲載しております。本文中では、ここに掲載されていないものも多数紹介しております。

　コレクションする上で、リスクがあるものについては、タイトル末尾に付記しました。

・贋：筆者が贋作を見たことがあるもの
・幻：筆者が現物を見たことないもの（存在しない可能性があるもの。もしくは存在しないもの）

●発見難度

　筆者自身の目撃頻度を元に、見つけづらさを記載してみました。1～5までで、5が高難度です。あくまで筆者の個人的な体感で判定しております。端的に言えば「筆者の感想」です。お遊びのご参考程度にお考え下さいませ。

　また、金額ではなく発見難度ですので、「有名なプレミアソフトで高額だが、よく見かける」というものは、発見難度は低くしております。逆に「安いが全然見ない」というものもあります。基本的に、レトロゲームショップのショーケースで売られているような高額なソフトは、お金さえ出せば手に入るので、発見難度＝低と考えております。

　また、完品での難度を記載しております。ものによっては、「裸なら入手は容易／箱ありの状態での入手は至難」というものもありますが、後者で判定しております。

　（細かく言い出すと、「完品の定義は？」「ハガキやチラシは入れるの？」など色々ありますが、言い出すとキリが無いので、筆者の肌感覚で判断しております）

●発見難度の目安

・1：レトロゲームショップのショーケースに直行するレベル。欲しかったらお財布と相談して買うといいと思います。
・2～3：数年に1回見るかどうかというソフトです。見逃すと、その後数年後悔する羽目になります。
・4～5：「筆者のコレクター人生において1回だけ見たことがある」とかそういうレベルです。もし見かけたら、金銭に糸目を付けずに買わないと一生後悔するレベルです。
・不：判定不能。（「現物が存在しない可能性があるもの」「開発途中版等、部外者が勝手に判定しちゃいけないもの」「まだ新しくて判定しづらいもの」「その他筆者の手に余るもの。判定に適さないもの」等）

●前巻・本書

前巻＝「非売品ゲームソフト ガイドブック」、本書＝「非売品ゲームソフト ガイドブックGOLD」です。各々の掲載頁を記載しました。

タイトル	発見難度	前巻	本書
●FC			
秋田・男鹿ミステリー案内 凍える銀鈴花 サウンドトラックカセット	不		45
Action52（NES）【贋】		34	
With サウンドウェア	1	156	191
ウラナイドII【幻】	不		9
HVC検査カセット コントローラTEST【贋】		11	
エグゼドエグゼス シルバーステッカー		13	
エグゼドエグゼス ゴールドステッカー		13	
エグゼドエグゼス プラチナステッカー	2	13	
エグゼドエグゼス ロイヤル純金ステッカー【幻】	不	13	
NHK学園	1	30～31	
オバケのQ太郎ワンワンパニック ゴールドカートリッジ【贋】	1	9	
KUNG FU		8	
危険物のやさしい物理と化学	3	31	15
機動戦士Zガンダム ホットスクランブル ゴールドカートリッジ【幻】	不	106	
機動戦士Zガンダム ホットスクランブル ファイナルバージョン	1	4	

タイトル	発見難度	前巻	本書
キラキラスターナイト 初代カセット	不		46
キラキラスターナイト ふじみ野版	不		46
キラキラスターナイトDX シルバー	不	33	
キラキラスターナイトDX ゴールド	不	33	
キン肉マン ゴールドカートリッジ	5	8	7
キン肉マン 集英社児童図書プレゼント版	2	6	
銀箱（任天堂版）		35	
グラディウス アルキメンデス編【贋】		4	
G&W スーパーマリオブラザーズ		16	
ゴジラ EXTRA PLAYING	4	7	
コナミの算数教室	不		30
コナミ理科教室	不		30
サンソフトオリジナル机上ブラシ		16	
サンプルカセット	不	15	28～38
ジャン狂	不	15	29
シュネッツ	不	5	
スーパーマルオ【贋】	不	27	49
スターソルジャー連射測定カセット【贋】	不	11	6
スターフォース連射測定カセット	不		6
スタディボックス		25	

199

タイトル	発見難易	前巻	本書
スラディウス	不		12
セイフティラリー		6	
ゼルダの伝説 チャルメラバージョン【贋】	1	14	17
ゾンビハンター茶色カセット【贋】	1	34	
タイマーカセット	不		6
タッグチームプロレスリング スペシャル	1	5	
チーターメン2（NES）	2	34	
ちょうみりょうばーてぃー金メッキ版カセット	不		45
ツインファミコン シーチキンUプレゼント版	1		13
通信カートリッジ	1	18〜24	24〜27
TDK全国キャラバン用スターソルジャー	不		5
TV-NET		18〜24	24
TV-NET2		18〜24	25
TV-NETプリンタ MCP-24	3	18〜24	25
DATESHIP1200		25	
データックスペシャルカード		17	
データック「ドラゴンボールZ 激闘天下一武道会」ゴールドカード	4		8
透明ジョイカードmkⅡ	1	17	
トップライダー キリンメッツバージョン	1	7	
トップライダー YAMAHAバージョン	1	7	
ドラゴンボールZ 90JUMP VICTORY MEMORIAL VERSION【贋】	不	9	
ドラゴンボールZ2 激神フリーザ 91JUMP VICTORY MEMORIAL VERSION【贋】	不	9	
ドンキーコングJR. JR. 算数レッスン		11	
飛んでるジョイパッド	1		8
中山美穂のときめきハイスクール非売品ビデオ		16	
バイナリィランド ご祝儀バージョン【贋】	不	10	
パウパウコンピュータ	不		13
バカラ	不		29
パチモノ【贋】	不	28〜29	
ハッカー系ソフト	不	26〜27	
バトルトード シルバーカートリッジ	不		46
パンチアウト ゴールドカートリッジ		10	
ファミコン消しゴム ナムコセット	2		23
ファミコンボックス		62	
FAM-NET	1	18〜24	25
FAM-NET2	1	18〜24	26
ファミリースクール		7	
ファミリーボクシング ゴールド【贋】	4	10	
藤屋のファミカセシリーズ	4	27	
プリティミニ		17	
PLAY BOX BASIC		12	
ブロックがこわれない特別版アルカノイド【幻】	不		9
ベストプレープロ野球 データROM '89-Apr	1	32	
ベストプレープロ野球 データROM '90-Jun	2	32	
ポケットザウルス シルバーコイン	1		16
Mike ditka's big play football（NES）	不		38
マイティ文珍ジャック【贋】	不	12	
ミスタースプラッシュ【贋】	不	32	
ミスタースプラッシュUNKOバージョン	不	32	
名門！第三野球部 スペシャルソフト【幻】	不	10	
MEGA MAN 9（NES風パッケージ）	1	34	

タイトル	発見難易	前巻	本書
桃太郎電鉄 スペシャル版	不	12	
ヤマキめんつゆサマープレゼント 影の伝説		6	
ラブクエスト【贋】	不	15	29
レイダック テーラーメイド		5	
ロックマン4 ゴールドカートリッジ【贋】	4	8	
ロットロット シルバーステッカー		13	
ロットロット ゴールドステッカー	2	13	
ロットロット プラチナステッカー【幻】	不	13	
ロットロット ロイヤル純金ステッカー【幻】	不	13	

●FCD

タイトル	発見難易	前巻	本書
オールナイトニッポン版スーパーマリオブラザーズ【贋】		13	
ゴールドディスク（JAPANコース）【贋】		14	
ゴールドディスク（JAPANコース）【贋】＆入賞 記念盾	3		8
ゴールドディスク（USコース）【贋】		14	
惑星アトン外伝【贋】	不	14	

●SFC

タイトル	発見難易	前巻	本書
With サウンドウェア	1	156	191
UNDAKE30鮫亀大作戦マリオバージョン		44	36
X-BAND		45	
EMIT バリューセット	1	156	191
ガリバーボーイ オリジナルカセット【幻】	不		10
くにおくんのドッジボールだよ全員集合！トーナメントスペシャル ゴールドカートリッジ【贋】＋盾【贋】	1	43	
クロノトリガー Vジャンプ版		42	
GAME PROCESSOR		44	12
Get in THE Hole（レーザーバーディー付属ソフト）		42	
甲竜伝説ヴィルガスト ゴールデン/シルバーカセット【幻】	不		10
最強〜南原清隆〜 アルティメットタワースペシャルバージョン【幻】	不		11
在宅投票システム 浦和船橋大井川崎SPAT4カセット		45	
鮫亀 キャラデータ集-天外魔境		44	
サンプルカセット【贋】	不	46	31〜36
サンプルロム クロノトリガー		46	
サンプルロム 聖剣伝説3		46	
サンプルロム ロマンシングサガ3		46	
JRA PAT		45	
Jリーグサッカー オーレ！サポーターズ	不		32
実況パワフルプロ野球'94 雑誌社対抗大会オリジナルバージョン【幻】	不		9
スーパーテトリス2＋ボンブリス ゴールドカートリッジ		43	
スーパーファミコン近代3種【幻】	不		11
スーパーファミコン コントローラ テストカセット		44	
スーパーファミコンボックス		62	
スーパーフォーメーションサッカー95 デッラセリエA UCCザクアバージョン		39	15
スーパーボンバーマン2 キャラバン用体験版（ゴールドカートリッジ）		43	
スーパーボンバーマン5 キャラバンイベント版（ゴールドカートリッジ）		43	
スーパー桃太郎電鉄DX JR西日本PRESENTS		41	
西部企画のソフト【贋】	不	47〜48	
天外魔境ZERO ジャンプの章	1	41	
天外魔境ZERO 発売記念プレミアム時計		41	

タイトル	発見難易度	前巻	本書
デンジャー	不	48	
パチンコ鉄人 七番勝負		40	
FROM TV animation スラムダンク 集英社LIMITED	1	38	
マジカルドロップ2 文化放送スペシャルバージョン【贋】	1	42	
もと子ちゃんのワンダーキッチン		40	
ヤムヤム ゴールドカートリッジ	3	43	8
UFO仮面 ヤキソバン ケトラーの黒い陰謀（景品版）		40	
ヨッシーのクッキー クルッポンオープンでクッキー	1	39	
ラインディフェンス	不		31
リーサルエンフォーサーズ ファミ通盤	4	38、153	
●GC			
SDガンダム ガシャポンウォーズ 体験版			56
お遍路さん			58
機動戦士ガンダム 戦士達の軌跡 角川書店連合企画 特別版	1	140	54
機動戦士ガンダム 戦士達の軌跡 Special Disk			55
キン肉マンII世 イベント用ディスク	1	140	
クラブニンテンドーオリジナルカタログ2004			55
ゲーム大会入賞記念 特製スマブラDXムービーディスク		140	
月刊任天堂店頭デモ		140	57
ジャイアントエッグ 体験版			56
スーパーモンキーボール2 体験版			56
スマブラDX イベント用ディスク	1	140	
ゼルダコレクション		141	
ゼルダの伝説 トワイライトプリンセス		140	
店頭用デモディスク	1	140	
時のオカリナGC&裏		141	
トミープレゼンツ スペシャル ディスク ナルトコレクション		141	
ドルアーガの塔		141	55
ドンキーコンガ3 店頭デモディスク	1	140	
ニンテンドーゲームキューブ ソフトeカタログ			55
バイオハザード 0 -TRIAL EDITION-			56
バイオハザード 特別版	1		57
バイオハザード4 体験版			56
バックマンvs.			54
バテン・カイトス～終わらない翼と失われた海～スペシャル体験ディスク			56
ビーチスパイカーズ 体験版			56
ファンタシースターオンライン エピソード1&2 トライアルエディション		141	
ファンタシースターオンライン エピソード3 C.A.R.D. Revolution トライアルエディション		141	
ホームランド テストディスク		141	
ホームランド テストディスク ブロードバンドアダプタ同梱版		141	
ポケモンコロシアム予約特典 拡張ディスク		141	
マリオパーティ4 イベント用ディスク	1	140	
ミスタードリラー ドリルランド イベント用ディスク	1		57
メタルギア スペシャルディスク			55
遊戯王 フォルスバウンドキングダム 体験版			54
RUNEII ～コルテンの鍵の秘密 体験版ディスク			56
レッスルマニアX8 体験版			56

タイトル	発見難易度	前巻	本書
●Wii			
AQUARIUS BASEBALL 限界の、その先へ		142	
WiiFit 体験版	1		66
ウイニングイレブンプレーメーカー2008 ツタヤレンタル体験版	1		66
エキサイト猛マシン		142	
金の太鼓とバチ	3	143	
京成スカイライナー30周年記念ロゴマーク付きWii本体	2		66
The World of GOLDEN EGGS ノリノリリズム系 NISSAN NOTEオリジナルバージョン		142	
JOYSOUND FESTA			179
ソニックと秘密のリング 体験版		143	
宝島Z バルバロスの秘宝 体験版		143	
β版 ドラゴンクエスト10 USB同梱版		143	
みんなで冒険!ファミリートレーナー 体験版		143	
みんなの交通安全	不	143	64～65
428 ～封鎖された渋谷で～ 体験版		143	
●Switch			
ダンボール風特別仕様switch本体	5		67
ダンボール風特別仕様Joy-Con	3		67
モンスターハンターラ伊豆（ジャケット）			194
●GB			
内祝 兄弟神技のパズルゲーム		51	
カードキャプターさくら ウィンクバージョン		53	
グランデュエル 体験版		52	74
ゲームボーイウォーズTURBO ファミ通版		50、153	
ゲームボーイ コントローラ検査カートリッジ		50	
サンプルカセット【贋】	不	53	
GBKiss MINI GAMES		51	71～73
弾丸GB	不		82
FROM TV animation スラムダンク がけっぷちの決勝リーグ 集英社LIMITED	2	50	
ポケットモンスター青（通信販売版）		51	
ボンバーマンMAX AINバージョン		52	
ボンバーマンMAX 完全データバージョン	1	52	
マリオファミリー		54	
らくらくミシン		54	
らくらくミシン カット集		54	
らくらくミシン 文字集		54	
ロボットポンコッツ コミックボンボンスペシャルバージョン		53	
ロボットポンコッツ 体験版		53	
私の体はどこへ	不		82
●GBA			
アオゾラと仲間たち 夢の冒険 あおぞら銀行店頭販売版		59	
アドバンスムービー	不	61	78～81
SDガンダムフォース 講談社連合企画特別版		57	
カードキャプターさくら さくらカード編 ウィンクバージョン		59	
ジュラシックパーク インスティテュートツアー		60	
燃費博士	不		82
ヒカルの碁 体験版		58	
ファイアーエムブレム 封印の剣 Vジャンプオリジナルマップバージョン【幻】	不	57	77

タイトル	発見難度	前巻	本書
ファイアーエムブレム 封印の剣 月ジャンオリジナルマップバージョン	不	57	77
ファイアーエムブレム 烈火の剣 月刊ジャンプバージョン【幻】	不	57	77
ファイアーエムブレム烈火の剣 特別データ入りバージョン	不		77
ファミコンミニ 機動戦士Zガンダム ホットスクランブル		56	
ファミコンミニ スーパーマリオ		56	
ファミコンミニ 第2次スーパーロボット大戦		56	
ポチらの太陽 株主優待版		60	
まじこね	不		75
まつむらクエスト 完全版			77
ミニモニ。ミカのハピモニchatty		60	
メカニクメカニカ	不		76
メダロット弐CORE コミックボンボン専売カブトバージョン		57	
遊戯王デュエルモンスターズ5 体験版		58	
妖怪道サクリコーン版		59	
リズム天国 店頭体験版		58	
●DS			
あのね♪DS		64	
e SMART	1		84
e SMART 2.0	1		84
カルドセプトDSスペシャルホルダー	不		101
クルトレ eCDP	1	64	83
クルマでDS		65	
GAME & WATCH COLLECTION GAME & WATCH COLLECTION 2		66	
ご当地検定DS ANAオリジナル版		67	100
こはるのDSうちごはん 非売品版		67	
佐渡市向け防災・地域情報提供システム		64	
すぐろくDS			85
絶叫戦士サケブレイン		66	
大合奏!バンドブラザーズDX 特別曲入りゴールドパッケージ【幻】	不	66	
大合奏!バンドブラザーズDX バーバラサマキャンペーンプレゼント曲入り	不	66	
大合奏!バンドブラザーズ追加曲カートリッジ		66	
チンクルのバルーンファイトDS		66	
DSvision かいけつゾロリ プレゼントパック	2		88
DSvision 小学生英語ADVANCED		70	88
DSvision 小学生英語BASIC		70	88
DSvision 少年サンデーコミックススペシャルパック		70	88
DSvision 少年マガジンコミックススペシャルパック		70	88
DSvision スターターキット 蟹工船	2	69	88
DSvision スターターキット Qoo		69	88
DSvision スターターキット トワイライトシンドローム試写会特別パッケージ	2	69	88
DSvision スペシャルパック きかんしゃトーマス	1	70	88
DSvision「ねことも」創刊記念プレゼントマンガ ペットシリーズ スペシャルパック	1		88
店頭デモ用体験版ソフト		68	89〜91
得点力学習DSシリーズおよび関連ソフト		65	93〜97
得点力学習DS 高校受験5教科パック 配信追加ソフト	1		95
なぞなぞ&クイズ 一答入魂 Qメイト! 体験版		68	

タイトル	発見難度	前巻	本書
New スーパーマリオブラザーズ（店頭デモ用）			92
ニンテンドーゾーン用店頭無線配信ボックス			86
ニンテンドーDS教室			85
「ネギま!?超麻帆良大戦 かっとイ～ン☆契約執行でちゃいますっ」画伯謹製アーティファクト・ジャケット	1		192
ぷよぷよ!! たいけんばん		68	
星空ナビ		64	
▼ントルノルト研修用DS本体			83
リズム天国ゴールド 店頭試遊ソフト			92
レベルファイブ プレミアム シルバー/ゴールド/プラチナ		67	
●3DS			
アニメ「K」描き下ろしニンテンドー3DS アニメイト×GoHands限定モデル	1		87
エイトレンジャー2 オリジナルデザインニンテンドー3DS			87
コロコロコミック35周年記念特製3DS	1		87
「閃乱カグラ」はさんで欲しい少女決定戦第2弾 敗者復活戦「オリジナル限定差替えジャケット」	不		193
闘会議2015オリジナルきせかえプレート			99
ニンテンドー3DSガイド ルーヴル美術館		144	148
バイオハザード ザ・マーセナリーズ 3D 店頭用体験版	1		92
パイレーツオブカリビアン ワールドエンド プレミア 3DS（仮称）	不		87
パズドラZ 限定チャレンジ版		144	
パズドラZ コロコロコミック限定体験版		144	
パルテナARカード 立佞武多	1		178
ビッグマックオリジナル3DSケース			84
Movie Player 店頭デモ用	1		92
ワンピース 超グランドバトル！Xデザインきせかえプレート	2		99
●SG-1000II			
CGCホームテレビゲーム	1		109
●SMS			
グレートアイスホッケー 国内版	1	112	
ゲームでチェック!交通安全	5	112	107〜109
●MD			
Action52（GENESIS）		34	
With サウンドウェア	1	156	191
大阪銀行のホームバンキングサービス マイライン	2	109	110
ガンスターヒーローズ 実演用サンプル		108	
元祖究極ギャル6人アドベンチャー麻雀!ダイヤルQをまわせ!【鷹】			113
Go-Net	1	110	
サンサン		110	
Jリーグプロストライカー2 実演用サンプル		108	
スミセイホーム端末		109	
セガチャンネル専用 レシーバーカートリッジ		111	111
ダイナマイトヘッディー 実演用サンプル		108	
ディヴァイン・シーリング【鷹】			113
テトリス【鷹】	4	106	
日刊スポーツ プロ野球VAN		110	
バンパイアキラー ゴールドカートリッジ	5	106	
バンパイアキラー シルバーカートリッジ【幻】	5	106	
バンパイアキラー ブロンズカートリッジ【幻】	5	106	
ファンタシースター復刻版 当選通知書付		108	

タイトル	発見難度	前巻	本書
名銀のホームパーキングサービス ナイスくんミニ	1	109	
メガアンサー	1	109	110
ワンダーMIDI	1	107	
ワンダーライブラリ		107	
●MCD			
書籍型ソフト			181
体験版			112
メガCD専用レンズクリーナー フレッシュクリーナー		111	
リーサルエンフォーサーズ ファミ通盤	3	111、153	
ワンダーMIDIコレクション			111
ワンダーメガコレクション		111	111
●SS			
アイドル麻雀ファイナルロマンス 着せかえディスク		118	
i miss you		120	186
オウガ限定版パワーメモリー		116	
オレゴン&ベーシック Welcome to アイフルホーム	1	114	117
開発用ソフト	不		116
カルドセプト・プレミアム・カードゲーム			117
ギャラクシーファイト特製サンサターンパッド		122	
きゃんバニ日めくりカレンダー		118	
クリスマスナイツ 冬季限定版		120	
慶応遊撃隊ビデオ			117
実践パチスロ必勝法! アイアンフック		121	
シャイニングフォース3 プレミアムディスク		115	
ジャワティオリジナル バーチャファイターキッズ		120	
雀帝バトルコスプレーヤーオリジナル原画集		120	
書籍型ソフト			186
スーパー競輪		121	
スーパーリアル麻雀グラフィティ P's CLUB限定版		117	
スーパーリアル麻雀P5 P's CLUB限定版		117	
スーパーリアル麻雀P6 P's CLUB限定版		117	
スーパーリアル麻雀P7 P's CLUB限定版		117	
スーパーリアル麻雀アドベンチャー 海へ P's CLUB限定版		117	
スペシャルディスク with セガサターンインターネット2		119	
セガサターンインターネット2		119	
セガ・ホームページ デモ	不		116
体験版		154～155	115
帝国華撃隊隊員名簿	1	116	130
デビルサマナーソウルハッカーズ EXTRAダンジョン		116	
でべろマガジンVol.2		122	
デリソバデラックス	1	114	
電波少年的ゲーム2	2	115	
電波少年的ゲーム (行商販売版)		115	
ドラゴンズドリーム		118	
野村ホームトレード	1	118	
バーチャファイター CGポートレートコレクション		120	
バーチャファイター CGポートレート デュラル		120	
ハイムワルツ		114	
バッドニフティ1.1&ハビタット2		119	

タイトル	発見難度	前巻	本書
BAROQUE REPORT CD DATE FILE		121	
ピクトフラッシュ どんどん		121	
ぷらら グリーンディスク	1	119	
ボイスワールド サンプル		119	
ワープロソフト EGWORD		121	
●DC			
ALABAMA! meets Will Vi	1	124	
うさナビCD	不	130	
STステーション パスポート	3	127	
介護ネットワークパスポート	3	128	
開発用ソフト	不		127～129
期間限定版 インターネットテレビ電話ショッピング	3	127	
痕プレイヤー MILK-DC	不	130	
機動戦艦ナデシコ スペシャルディスク		129	
KYOTEI for Dreamcast	3	128	
グラウエンの鳥籠		124	
神戸パスポートTV電話版	3	127	
ゴルフしようよ コースデータ集アドベンチャー編 トーナメントディスク		124	
栽培ねっと	2	127	
シーマン 語り継ぐ経営 大川流	1	124	
JRA PAT for ドリームキャスト		128	
J-CODE PASSPORT		128	
書籍型ソフト		104	187
スクールネット・エクスペリメンタル	2	129	
センチメンタルグラフティ2 サードウィンドゥ			126
体験版			118～126
D-net	3	126	
でじこのマインスイーパ	1	130	
ドリームパスポート CSK健康保険組合専用		126	
ドリームパスポート TOYOTA		126	
ドリームパスポート2 withぐるぐる温泉	1	126	
ドリームパスポート2 TOYOTA		126	
ドリームパスポート2 for LAN		126	
ドリームプレビュー		129	
ドリキャッチシリーズ	1	125	
野村ホームトレード	1	128	
バベル	不		130
fish life コントロールユニット専用ソフト	不	129	128
プロ野球チームをためそう! ファミ通版		153	
What's シェンムー ファミ通版 ～湯川(元)専務をさがせ～		153	
MIL-CD対応サントラ		130	188
ラストホープ 限定版		130	
●GG			
アレスタ3 化粧箱			178
カーライセンス	2	112	114
ソニック&テイルス 実演用サンプル		112	114
ソニックドリフト デモ用サンプル		112	114
ベア・ナックルII デモ用サンプル			114
●PS			
アークザラッド・モンスターゲーム プレゼント版		72	
アーマードコア 通信対戦体験版 店頭試遊・イベントONLY		82	
i miss you		120	184
アナログコントローラ製造検査サービスディスク	2		132
ALABAMA! meets Will Vi		81	

タイトル	発見難度	前巻	本書
L'arc～en～Ciel「LIGHT MY FIRE」ピクタラスCD		88	
るろうに剣心 十勇士陰謀編 スペシャルムービーディスク（一般）／るろうに剣心 十勇士陰謀編 スペシャルムービーディスク（学生）		87	
RAY-RAY CD-ROM		74	
ロックマン バトル&チェイス スペシャルデータ メモリーカード デューオ		75	
ワープロソフト EGWORD ver2.00		89	
●PS2			
アーマード・コア ラストレイヴン チャンピオン特別版		94	
アーマード・コア ラストレイヴン ファミ通特別体験版		94、153	
イージーブラウザー		99	
イージーブラウザーBB		99	
頭文字D スペシャルステージ		93	
頭文字D総集編プロジェクトD 栃木エリア編（PS2体験版付）		100	
インターネットおまかせロム	3	99	
SDガンダム G GENERATION-NEO 講談社連合企画特別版		93	
機動戦士ガンダム 講談社8誌連合企画特別版		93	
機動戦士ガンダム戦記 角川書店連合企画特別版		94	
機動戦士ガンダム めぐりあい宇宙 講談社連合企画特別版		93	
ギレンの野望 講談社9誌連合企画 特別版		93	
蔵衛門		98	
グランツーリスモ3 リプレイシアター 赤パッケージ		102	
グランツーリスモ3 リプレイシアター オートバックスセブン版	1	102	
グランツーリスモ3 リプレイシアター 黒パッケージ		102	
グランツーリスモ3 リプレイシアター ネッツトヨタ版		102	
グランツーリスモ4 LUPO CUP トレーニングバージョン	2	103	
グランツーリスモ4 オンライン実験バージョン		103	
グランツーリスモ4 スバルドライビングシミュレーターVer	2	103	
グランツーリスモ4 体験版 エアトレックターボ スペシャルエディション		103	
グランツーリスモ4 体験版 コペンスペシャルエディション		103	
グランツーリスモ4 体験版 プリウストライアルバージョン		103	
消しゴムパズル		94	
幻想水滸伝3 幻想水滸伝債発行記念		96	
サルゲッチュ2 ウッキウッキーディスク		101	
ジオニックフロント 講談社連合企画特別盤		93	
実況パワフルプロ野球11 株主特別プレゼント版		97	
実践パチスロ必勝法!北斗の拳 プレミアムディスク			133
書籍型ソフト		104	185
新コンバットチョロQ 体験版 スペシャルディスク Vジャンプver	1	95	
真・女神転生3ノクターン ツタヤオリジナルパッケージ版		100	
涼宮ハルヒの戸惑 予約特典ディスク 宇宙初!フルCG 踊るSOS団		101	

タイトル	発見難度	前巻	本書
スペサルディスク2003		101	
ダージュ オブ ケルベロス β版		97	
対局麻雀ネットでロン！モニター版	1	97	
体験版		154～155	136～138
太鼓の達人「お菓子祭り限定パッケージ」	1		134
TV蔵衛門		98	
テレビマガジン ウルトラマン スペシャルディスク		95	
ときめきメモリアル3 ファンド版		96	
.hack//fragment 先行リリース版			133
ドラゴンボールZ2V		92	
トレインキット for A列車で行こう2001		100	
TRAIN SIMULATOR 御堂筋線		100	
ナルティメットアクセル2 全六十二忍即開放ディスク		101	
Newtype ガンダムゲームスペシャルディスク		94	
NetFront		99	
NetFront for Δ	1	99	
信長の野望 オンライン βバージョン		97	
はじめの一歩 プレミアムディスク	1	92	
ハリーポッターと秘密の部屋 コカコーラオリジナルバージョン		95	
ピクチャーパラダイス 体験版		98	
ファイナルファンタジー11 βバージョン		97	
フォーミュラスズキ 隼タイムアタック		101	
プリントファン		98	
プレイオンライン βエディション		97	
マクドナルドオリジナル ハッピーディスク		101	
みんなのゴルフオンライン β版		97	
メタルギアソリッド2 第2回メタルギアソリッド債発行記念		95	
メタルギアソリッド3 株主優待版		96	
モバイルアイランド 体験版	不		133
桃太郎電鉄USA サイコ・ル・シェイムカバー			133
桃太郎電鉄USA 陣内智則カバー	1		133
桃太郎電鉄USA 若槻千夏カバー	1	101	133
Linux Beta Release 1		98	
Linux Release 1.0		98	
ワンピースグランドバトル グランドツアーズスペシャルディスク 体験版	1	100	
●PS3			
グランツーリスモHDコンセプト インストールディスク		145	
ジョジョアナザージャケット	2		194
スクウェア・エニックスマガジン デモディスク		145	
体験版		145	
智代アフター ～It's a Wonderful Life～ CS Edition		145	
モーターストーム3	1		138
ワールドサッカー ウイニングイレブン2009体験版 adidas edition		145	
●PS4			
JUMP FORCE プレゼント PS4	2		140
「SNOW MIKU×初音ミク Project DIVA Future Tone」トップカバー			142
テイルズオブアライズ 試供品			139
「ドラゴンクエスト× ファイナルファンタジー」コラボ限定ベイカバー			142
PUBGカスタム版PS4 pro	3		139
ファイティングEXレイヤー			139

タイトル	発見難度	前巻	本書
●WS			
SDガンダム .オペレーションU.C. スペシャルパッケージ	1	136	
サンプルソフト	不	138	166
ジャッジメントシルバーソード	1	137	
スターハーツ体験版		138	
DICING KIGHT（だいしんぐ・ないと）	3	137	
DICING KIGHT.（だいしんぐ・ないとぴりおど）	1	137	
デジモンアドベンチャー キャンペーンVer	1	136	
デジモンテイマーズ バトルスピリット 英語版	1		166
テノリオン	1	136	
ポケットチャレンジV2用ソフト			166～168
ママみって	1	138	
ワンピース グランドバトル スワンコロシアム SAMPLE EDITION			166
●NGP			
体験版			165
PP-AA01 PUSHER PROGRAM 本体コントローラー側	1		164
●3DO			
THE LITTLE HOUSE	1	152	
スクランブルコブラ プレミアムバージョン	1		169
体験版			169
DOOM	1	152	
TOYOPET OUTDOOR WORLD	1	152	
バッテリーナビ	1	152	
フロントハウズ		152	
ぽんぽんらんど（M2）	不		169

タイトル	発見難度	前巻	本書
●Playdia			
けろけろけろっぴ ウキウキパーティーランド!!			170
ゴー!ゴー!アックマン・プラネット	1	151	170
バンダイ・アイテムコレクション70'		151	170
Playdia IQ Kids サンプルソフト			170
Playdia サンプルソフト			170
みちゃ王用ディスク 戦隊シリーズ	2	151	170
祐実とトコトンプレイディア		151	170
祐実とトコトンプレイディア 店頭用サンプルソフト			170
4大ヒーローBATTLE大全	1	151	170
●その他			
amiiboの非売品	不		172、174～175
カプコン関連の非売品	不		172～175
モンスターハンター関連の非売品	不		173～175
スプラトゥーン関連の非売品	不		176～177
BMW×PAC-MAN レトロ・アーケード・ゲーム	1		103
MOTHER NETWORK BUSINESS (CD-i)	不		170
マリオズテニス海外版展示箱（VB）		152	
マリオのふぉとびー用スマートメディア（N64）	不		70
妄想コントローラ ゼビウス×ファミ通		153	

あとがき

　実は筆者は前巻「非売品ゲームソフト ガイドブック」を書いたとき、レトロゲーム界への最後の恩返しのつもりで、自分が持つ全ての情報をオープンにしたつもりでした。書き終えた時、もうすっかり燃え尽きていて、コレクターとしては老兵として消え去る気満々でした。

　しかしその後も、なんとなく非売品コレクターとしてずるずるだらだらと居座り続け、なんとなくまだ「非売等」のゲームソフトを集め続けているうちに、なんだかまた集めるのが楽しくなってきてしまいまして、手元にゲームソフトと情報がたまってきてしまい…、そんなときに、また本を世の中に出させていただく機会をいただけました。そのため、今度こそすべてを出し切るつもりで書きました。とにかくできる限り色々と詰め込んだつもりでおります。結果として雑多な感じになってしまいましたが、本の中に散らばっているお宝やネタをつまみ食いする感じで楽しんでいただけたら幸いです。

　前巻「非売品ゲームソフト ガイドブック」では、色々と詰め込みすぎて、ひとつひとつの写真が小さくなってしまったという反省がありました。そんなわけで、本書を書き始めた頃は「今度は写真を大きめにしよう」と思っていたのですが、結果としてぎゅうぎゅうに詰め込むかたちになってしまいました。編集にあたりご尽力いただいた三才ブックス様に感謝します。

　また今回は、前回以上に多くの方々にご協力いただきました。貴重なお宝や情報を快くご提供いただき、本当に感謝しております。ありがとうございます。

　最後に、この本をお手に取ってくださった方々に深くお礼を申し上げます。ありがとうございます。

　「好きなものを集める」というのは人として自然なことだと思います。ゲームコレクターの世界も年々様変わりしておりますが、集めることの楽しさは不変だと思います。これからも多くの方々が、ゲームコレクターの世界を楽しんでくださることを祈っております。

コレクター用語解説

本書は、ゲームソフトコレクター（筆者）が書いた本のため、コレクター間で使われているコレクター用語が登場します。コレクター以外の方には分かりにくいかもしれないので解説を掲載します。本書を読む際の参考にしてください。

●完品…ゲームソフトの付属物がすべて揃った状態のこと。例えばFCのソフトであれば、カセットのみの状態を「裸」、カセット・箱・説明書が揃った状態を「完品」と呼ぶ。ただし、完品の定義は、人によって異なる。付属のアンケートハガキや注意書きの紙等も揃っていなければ完品とは言わない人もいれば、そこまでこだわらない人もいる。

●帯…CD型ソフトで背中に付いている小さな紙。コレクターは非常に重要視する。「帯の有無」「帯が日焼けしていないか（帯は背表紙部分にあるので日焼けしやすい）」で、コレクター間での取引価格が1桁2桁違ってくることがある。

●コンプリート（略して「コンプ」）…ある特定の機種（あるいはジャンル）における全てのゲームソフトを集めること。ただしコンプの範囲の定義は人によって差がある。例えばFCであれば、箱・説明書なしのカセットだけ集める「裸コンプ」、完品で集める「完品コンプ」等がある。また、FCの中には特殊なタイプのカセット（データタッ

ク等）もあるため、コレクター同士だと、「コンプした」「データックあり？」「あり」のような会話が成立する。どこまでをコンプの範囲にするかは、コレクター間でしばしば議論になる。「NHK学園はFCコンプに入りますか？」「入りません」といったように、「バナナはオヤツに入りますか？」的な問答が日々繰り広げられている。

●プレミアソフト…数が少ない、人気がある等の理由により、市場で高値が付くソフト。値段は需給のバランスで決まるため、希少なソフトが高値とは限らず、逆にそれなりの本数が出ているソフトでも、人気があればプレミア価格になることがある。また、ソフトの状態によっても価格は大きく変わる。新品未開封なら高値になるソフトもある。ただし、ゲームソフトのプレミア価格は、時代によって動く、砂上の楼閣のごとき脆いものだということは認識しておいたほうがよい。

●裏レア…希少ではあるものの、希少であるが故に存在が知られておらず、市場で値段が付いていないソフト。発見できさえすれば安く購入できることがあるが、発見することが極めて困難。また、マイナーすぎて相場が形成されていないため、中古ショップ等では買取不可という扱いになり、廃棄されてしまうことがある。コアなコレクターからは「高額でいいから販売してほしい」という悲鳴が聞こえてくる。

■資料・情報協力

あかみどり	酒缶	ナポりたん
あかりパパ	SheNa	ノヒイジョウタ
ayuayuwing	GeeBee	BAD君
石之丞	市長queen	Psinh
Ucchii	スペマRP	PCエンジン研究会
大塚祐一	そらの	ベラボー
オロチ	谷6Fab店長	ぽめ (@pomegd)
鯨武長之介	タニン	murakun
コアラ	デデ	麟閣
kduck	天道ブイ	レトルト

■主要参考文献

失われたファミコン文化遺産 ショップシールの世界　（オロチ 著）
コズミック・ファンタジー 設定資料集DX　（越智一裕 著）
スーパーファミコン＆ゲームボーイ発売中止ゲーム図鑑（鯨武長之介 著）
ハドソン伝説3 PCエンジン誕生編（岩崎啓眞 著）

月刊アルカディア	電撃PlayStation
月刊コロコロコミック	日経産業新聞
月刊ジャンプ	覇王
コミックボンボン	PC Engine FAN
週刊少年ジャンプ	ファミコン通信
週刊ファミ通	ファミリーコンピュータMagazine
電撃王	Vジャンプ
電撃Girl'sStyle	プレイステーション通信
電撃スーパーファミコン	マル勝ファミコン
電撃NINTENDO64	マル勝PCエンジン
電撃PCエンジン	

非売品 ゲームソフト ガイドブック GOLD

2023年10月2日 発行

著者　　　　　じろのすけ
ブックデザイン　大宮直人（大宮デザイン室）
発行人　　　　塩見正孝
編集人　　　　若尾空

発行所　　　　株式会社三才ブックス
　　　　　　　〒101-0041
　　　　　　　東京都千代田区神田須田町2-6-5
　　　　　　　OS'85ビル 3F
　　　　　　　TEL　　03-3255-7995（代表）
　　　　　　　FAX　　03-5298-3520
　　　　　　　info@sansaibooks.co.jp

郵便振替口座　00130-2-58044
印刷・製本　　図書印刷株式会社